光明社科文库
GUANGMING DAILY PRESS:
A SOCIAL SCIENCE SERIES

·政治与哲学书系·

社交机器人研究
基于应用的伦理风险及其治理

高山冰　等｜著

光明日报出版社

图书在版编目（CIP）数据

社交机器人研究：基于应用的伦理风险及其治理 /
高山冰等著 . -- 北京：光明日报出版社，2023.12
ISBN 978 - 7 - 5194 - 7690 - 8

Ⅰ.①社… Ⅱ.①高… Ⅲ.①智能机器人—研究
Ⅳ.①TP242.6

中国国家版本馆 CIP 数据核字（2023）第 247255 号

社交机器人研究：基于应用的伦理风险及其治理
SHEJIAO JIQIREN YANJIU：JIYU YINGYONG DE LUNLI FENGXIAN
JIQI ZHILI

著　者：高山冰　等

责任编辑：刘兴华　　　　　　　责任校对：宋　悦　贾　丹
封面设计：中联华文　　　　　　责任印制：曹　净

出版发行：光明日报出版社

地　　址：北京市西城区永安路 106 号，100050

电　　话：010-63169890（咨询），010-63131930（邮购）

传　　真：010-63131930

网　　址：http：// book. gmw. cn

E - mail：gmrbcbs@ gmw. cn

法律顾问：北京市兰台律师事务所龚柳方律师

印　　刷：三河市华东印刷有限公司

装　　订：三河市华东印刷有限公司

本书如有破损、缺页、装订错误，请与本社联系调换，电话：010-63131930

开　　本：170mm×240mm

字　　数：198 千字　　　　　　印　　张：15

版　　次：2024 年 4 月第 1 版　　印　　次：2024 年 4 月第 1 次印刷

书　　号：ISBN 978 - 7 - 5194 - 7690 - 8

定　　价：95.00 元

序

2023年7月中旬到南京讲座，南京的暖友们热情款待，席间山冰教授提到要出版新著《社交机器人研究——基于应用的伦理风险及其治理》，一听这个题目我就来了兴趣，这是国内第一本从传播学科角度讨论社交机器人的专著，非常新。

社交机器人指在社交网络中扮演人的身份、拥有不同程度人格属性、且与人进行互动的虚拟AI形象，具体来说，就是一些社交媒体账号背后不是人直接操控的，而是以机器方式运作。社交机器人是人工智能的自然语言处理在传播中的一个典型应用，在Twitter、Facebook等社交媒体平台广泛存在，已经成为舆论干预的一项常见技术。北师大新媒体传播研究中心团队从2015年开始关注这一现象，当时承担了一项有关单位委托的人工智能技术对媒体影响的报告，社交机器人开始进入团队的传播学研究视野中。2017年北师大新闻传播学院和微软亚洲研究院联合成立了"人工智能与未来媒体实验室"，当时我团队的一项工作就是参与社交机器人微软小冰的白盒辅助写作工具开发。2018年受哈工大刘挺教授邀请，我在SMP大会做了有关社交机器人对舆论影响的特邀报告，会后和清华大学黄民烈、哈工大张伟男两位老师一起成立一个社交机器人小组，我们举办了几场大型的社交机器人论坛和启动了社交机器人群聊比赛。山冰教授一直很支持我们有关社交机器人的活动，参与了社交机器人论坛，作为专家参与我们举办的有关俄乌冲突社交机器人舆论干预的沙龙等活动。

2022年底，ChatGPT问世推动了大模型的应用，一些基于大模型的新一代社交机器人也出现在社交媒体上，这些社交机器人开始有了多轮对话能力，超越了之前社交机器人只能单轮对话的呆板功能，也超越了图灵测试的标准，可以像"人"一样与人聊天。印第安纳大学团队开发的Botmeter是识别社交机器人的常见平台，把账号输入后，平台会给一个是否是社交机器人程度的打分。7月初，我邀请参与Botmeter系统工作的杨凯程博士来北师大新媒体传播研究中心交流，杨博士提到Botmeter系统对基于大模型的社交机器人无法识别。也就是说，社交机器人在大模型时代技术进一步升级，社交机器人的功能也从信息传播的高效中介载体转变为了信息活动的对话者，参与传播的能力正变得越来越强深入，社交机器人的舆论影响权重也正变得越来越大，相应的社交机器人应用的伦理风险及其治理问题就变得越来越突出。

面对社交机器人为代表的AI技术在信息传播中的广泛应用，山冰教授是国内早期敏锐关注到这一新现象的学者之一。山冰教授的这本书聚焦于社交机器人的伦理风险与治理，结合前期大量海外学者的学术研究成果，从全球视野对社交机器人的伦理问题与治理实践、动因与困境做了深入分析，提出了独到见解。尤其在AI技术快速迭代进入大模型时代后，为我国互联网治理实践提供了厚重的学术参考。

承蒙山冰教授抬爱，得以先读为快。一方面我在阅读中感受到山冰教授基于社交机器人的现实技术逻辑开展研究的严谨治学态度，不扩大也不否认社交机器人的影响。正如文中所言："科学技术是一把双刃剑，技术末世论过于极端，纯粹的技术乐观论也值得人们警惕。随着'人机共生'

'万物皆媒'时代的到来,社交机器人成为信息传播过程中的重要节点,它在网络空间也将扮演起更为重要的角色。"

另外一方面,阅读过程中也引发我一个思考:我们人文社科学者以什么样的学术方式切入智能传播研究领域?最近几年,AI 技术的应用成为人文社会学科的一个热点,不同学科学者从各自不同视角切入思考,也发现一些文章对 AI 的社会应用设想或者批评好像离技术发展的距离非常遥远,还有的是无意义恐慌,这些文章的立论通常是基于影视作品的描绘来想象的,而不是基于 AI 技术的现实发展来观察、归纳与思考。显然,现实技术发展和影视作品描绘之间是有很大差异的,两者是不同的逻辑。学术研究应该基于现实的 AI 技术逻辑来分析,而不是依据个人想象来发挥。技术逻辑指的是依据技术原理、技术可应用范围、技术可能的突破程度等来研究问题,基于技术逻辑来讨论 AI 的传播关系和社会影响才是有价值的,这样的研究才能对现实具有穿透力和解释力。

AI 技术正在快速渗透到信息传播的各个环节中,如深度伪造(deepfake)、虚拟主播等 AI 技术的应用也面临同样的伦理与治理问题。山冰教授的这本前沿学术研究的专著,不仅为学界和业界提供了社交机器人应用的伦理与治理的理论基础,更是为其他 AI 应用的研究和实践工作提供了参考。

张洪忠

2023 年 9 月 1 日于北京慧忠北里

目　录
CONTENTS

第一章

社交机器人学术地图

Twitter、Facebook、Reddit、Instagram、微博等社交媒体的兴起开创了人类交流工具的革命性变革，人们可以在社交媒体上随时生产、共享内容。据Twitter 2020财年与第四季度财报数据显示，Twitter在第四季度的日活跃用户达1.92亿，[①] Facebook 2020年年度与第四季度财报显示，2020年12月Facebook的日活跃用户达18.4亿，[②] 社交媒体目前已成为人们交流的重要平台。组织机构利用社交媒体宣传推广产品，新闻媒体利用社交媒体发布新闻，名人利用社交媒体与粉丝互动，个人利用社交媒体分享生活日常、观点、想法、参与在线讨论等。

伴随着社交媒体越来越成为人们日常生活不可分割的一部分，以及人工智能技术的快速发展，社交机器人应运而生。社交机器人是一种计算机算法，可以在社交媒体上自动生成内容并与人类进行交互，模仿甚至可能改变人类的行为。[③] 社交机器人正变成网络空间中很多重大政治、经济、社会、公共卫生等事件的重要参与者。据瓦罗尔、奥努尔、费拉拉与艾米

---

① TWITTER. Q4 and fiscal year 2020 letter to shareholders［EB/OL］. Stitch fix，2021-02-12.

② FACEBOOK. Facebook reports fourth quarter and full year 2020 results［EB/OL］. Investor news，2021-02-12.

③ FERRARA E，VAROL O，DAVIS C，et al. The rise of social bots［J］. Communications of the ACM，2016，59（7）：96-104.

里奥等学者的研究发现，Twitter 活跃的账户中约有9%至15%是机器人①；Zago、Mattia 等学者研究发现，Facebook 的账号中约有11%是机器人。② 按照社交机器人所从事的社会活动性质可分为善意的社交机器人与恶意的社交机器人，如新闻机器人、招聘机器人、聊天机器人、编辑机器人、紧急事件预警机器人等为社会提供帮助的机器人，均为善意的社交机器人，而恶意的社交机器人则指那些被操纵，在社交网络中传播虚假信息、噪声、垃圾邮件、病毒等可能对社会造成一定危害的机器人。

善意的社交机器人对各行业的未来发展带来新的机遇与挑战，然而恶意的社交机器人也正在破坏着我们的网络生态系统。传播虚假信息，导致人们对社交媒体失去信任；借助社交媒体操纵公众舆论，从而影响政治选举的结果等。鉴于社交机器人领域存在一些亟须解决以及值得讨论的问题，近些年社交机器人逐渐成为学界关注的话题，并且产出了一些重要的研究成果。为进一步开展社交机器人的研究，立足于最新的研究进展并与国际研究前沿接轨，需要了解国际上关于社交机器人领域的研究态势。目前已有多位学者对社交机器人领域的研究内容进行了梳理，③ 可作为后续

① VAROL O, FERRARA E, DAVIS C A, et al. Online human-bot interactions：detection, estimation, and characterization［C］//Proceedings of the 11th international AAAI conference on web and social media (ICWSM'17). Menlo Park, CA：AAAI, 2017：280-289.

② ZAGO M, NESPOLI P, PAPAMARTZIVANOS D, et al. Screening out social bots interference：Are there any silver bullets？［J］. IEEE communications magazine, 2019, 57 (8)：98-104.

③ CRESCI S. A decade of social bot detection［J］. Communications of the ACM, 2020, 63 (10)：72-83.

ORABI M, MOUHEB D, AGHBARI Z A, et al. Detection of bots in social media：a systematic review［J］. Information processing & management, 2020, 57 (4)：1-23.

KARATA A, AHIN S. A review on social bot detection techniques and research directions ［C］//Proceedings of ISCTurkey 10th International Information Security and Cryptology Conference. Berlin, Heidelberg：Springer-Verlag, 2017.

ALOTHALI E, ZAKI N, MOHAMED E A, et al. Detecting social bots on Twitter：A literature review［A］. Proceedings of the 2018 international conference on innovations in information technology (IIT) . Piscataway, NJ：2018：175-180.

学者开展社交机器人研究的重要参考，但这些综述均是对社交机器人检测方法与技术的分析。本章旨在对以上研究成果进一步补充，对社交机器人领域的研究成果进行全面的梳理。

第一节　国际社交机器人领域研究进展

一、数据来源与分析方法

（一）数据来源

Web of Science™核心合集是全球获取学术信息的重要数据库，其收录了各个学科领域中最具权威性和影响力的学术期刊。本文以 Web of Science™核心合集（SCIE、SSCI、A&HCI、CPCI-S、CPCI-SSH、BKCI-S、BKCI-SSH、ESCI）为数据源，以 TS＝（socialbot or socialbots or social bot or social bots or social botnet or social botnets）为检索式，时间跨度：1900—2020，检索时间为 2021 年 1 月 16 日，共检索得到 790 条文献。通过人工判别的方法，对这些文献进行筛选、去重，剔除掉文献中包含检索词但实际上与本研究领域不相关的文献 159 篇，最终得到 631 篇文献为本书的研究对象。

（二）分析方法

本部分主要通过文献计量的方法对社交机器人领域的研究进展进行揭示。首先借助科睿唯安公司的 Derwent Data Analyzer（DDA）软件对获取的790 篇文献进行剔除，因为不同文献标注具有差异性（如同一机构在不同文献中书写方式不同、相同意思的关键词使用不同的词标注等）；其次对剔除后的 631 篇文献的学科领域、发文国家、发文机构、发文作者、关键词等字段进行规范化处理；最后利用 DDA、Gephi 等对处理后的数据进行可视化分析。从社交机器人研究整体发文情况、主要研究力量、主要研究主题、研究成果学术影响力多个角度，探索社交机器人的整体研究进展与研究趋势。其中通过"发文时间、学科领域"字段衡量社交机器人领域的整体发文情况，"发文国家、发文机构、发文作者"字段衡量社交机器人领域的主要研究力量，"关键词"字段衡量社交机器人领域的主要研究主题分布，"被引情况"衡量社交机器人领域研究成果的学术影响力。

二、社交机器人研究现状

（一）社交机器人研究整体发文情况

1. 社交机器人研究发文年度演化

近些年，随着人工智能与社交媒体的发展，在很多重要事件中均能看到社交机器人的"身影"，社交机器人也逐渐成为学界研究的重要领域，科研成果不断涌现。根据 Web of Science™ 核心合集统计结果显示，截至 2020 年，社交机器人领域的研究成果共有 631 篇。分析 631 篇成果的发表年代，可以清晰地看到社交机器人成果的产出趋势（见图 1-1）。2010 年，开始有社交机器人相关成果的出现，如威廉玛丽学院的楚姿等学者的 "Who is Tweeting on Twitter：Human，Bot，or Cyborg？"[1] 及宾夕法尼亚州立大学学者王海的 "Detecting Spam Bots in Online Social Networking Sites：A

---

[1] CHU Z, GIANVECCHIO S, WANG H, et al. Who is tweeting on twitter: human, bot, or cyborg? ［C］//Proceedings of the 26th annual computer security applications conference. New York, NY：ACM, 2010：21-30.

Machine Learning Approach"① 均从技术方法的角度探索了如何识别社交媒体上的机器人，是后来学者开展相关研究的重要基础。2010 年，社交机器人对美国中期选举、马萨诸塞州选举等事件的干扰也再次引起学者对社交机器人的关注。2010 年之后，社交机器人相关科研产出总体呈现逐年活跃的发展态势，尤其 2017 年之后呈快速增长，2019 年的发文量达 163 篇。

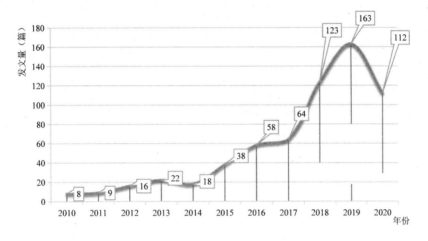

图 1-1　社交机器人研究成果数年度演化

2. 社交机器人研究发文学科分布

对 631 篇社交机器人成果所属的研究领域进行分析发现，很多学科领域均关注其发展，成果分布在 61 个学科领域，说明社交机器人研究呈现多学科、跨学科发展的趋势。但各学科领域对社交机器人关注的活跃程度有所差别，如图 1-2 所示为社交机器人相关研究成果数 TOP20 的学科领域。从图中可以看出计算机科学领域活跃度最高，成果数 378 篇，占总成果数的 59.91%；其他较活跃的学科领域有工程科学（18.86%）、传播学

---

① WANG A H. Detecting spam bots in online social networking sites: a machine learning approach [C] //Proceedings of the 24th annual IFIP WG 11. 3 working conference on data and applications security and privacy. Berlin, Heidelberg: Springer-Verlag, 2010: 335-342.

（11.89%）、电信学（7.45%）；此外，图书馆学情报学、商业经济学、政府法学、环境与职业卫生、心理学等也有社交机器人相关成果出现。

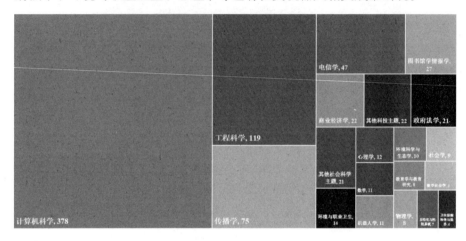

图 1-2　社交机器人研究成果学科分布（TOP20）

（二）社交机器人主要研究力量

本部分对 631 篇社交机器人科研成果的署名信息进行统计，提取其中包含的国家、机构、作者字段，从三个层面了解社交机器人宏观、中观、微观层面的主要研究力量。

1. 社交机器人主要关注国家

统计社交机器人科研成果的署名信息发现，全球共 61 个国家对社交机器人开展过研究。如图 1-3 所示为成果数排名前 20 的国家，包括美国、英国、印度、西班牙、中国、德国、加拿大等。美国是发文量最高的国家，共发文 235 篇，占社交机器人总发文量的 37.24%；其次是英国，共发文 61 篇，占总发文量的 9.67%；其他国家虽有发文，但与发文量最高的美国依然有一定的差距。再对 TOP20 国家年度发文趋势进行分析（见图 1-4），美国、西班牙、澳大利亚、日本、韩国等国家是最早对社交机器人投入研究的一批国家，近十多年 TOP6 的国家（美国、英国、印度、西班牙、中国、德国）对社交机器人研究的关注热度处于整体上升的态势，而其余国家对社交机器人的关注依然未能形成稳定的发展趋势。

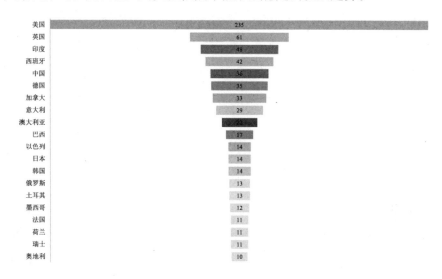

图 1-3　社交机器人主要研究国家分布（TOP20）

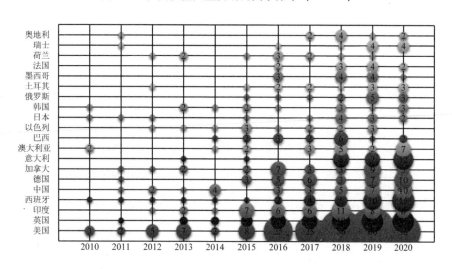

图 1-4　社交机器人研究 TOP20 国家年度成果分布图

2. 社交机器人主要关注机构

从中观层面统计科研机构对社交机器人领域的关注情况发现，全球有

600 多个机构曾参与社交机器人的研究，产出排名前二十的机构如图 1-5 所示，共发文 183 篇，占社交机器人总发文量的 29.00%。其中美国卡内基·梅隆大学的发文量居于首位，其次是美国亚利桑那州立大学、美国南加州大学等。从发文机构的性质来看，多数属于高等学校、科研院所，也有部分公司关注社交机器人的发展，如微软、Google、IBM 等。总体来看，各研究机构的发文量依然较少，说明社交机器人领域虽受到广泛的关注，但机构层面的研究力量不集中，发展尚处于起步阶段。从各研究机构社交机器人研究成果年度产出演化情况（见图 1-6）可以看出，随着社交机器人整体研究热度的升温，单个机构层面的关注度没有明显的变化。

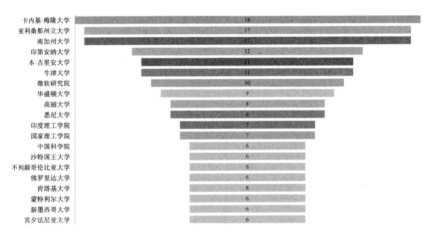

图 1-5　社交机器人主要研究机构分布（TOP20）

为进一步了解社交机器人在机构层面是否已形成稳定的研究小团体，以研究机构为节点，机构间的合作关系为边，选取发文量大于等于 3 的 100 个机构构建共现矩阵并通过 Gephi 实现社交机器人主要研究机构合作网络可视化图谱（见图 1-7）。其中，节点的大小代表节点的度中心度（指网络中与其有直接合作关系的节点数目），节点越大，说明与其有合作关系的节点越多；连线粗细代表节点间的合作强度，连线越粗表示节点间的合作越频繁。从图中可以看出，机构在开展社交机器人研究时合作较为

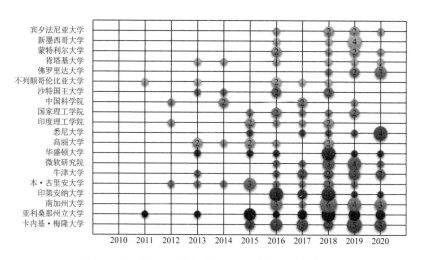

图1-6　社交机器人研究 TOP20 机构年度成果分布图

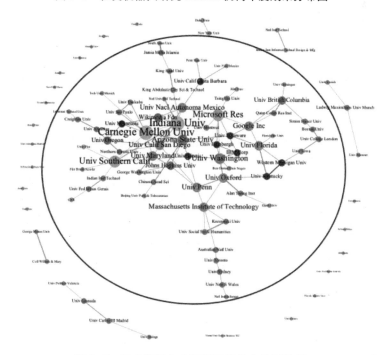

图1-7　社交机器人主要研究机构合作网络图

普遍，已形成核心为蜘蛛网状的合作网络，但目前合作网络较稀疏，尚未
形成稳定的小团体，且很多机构处于独立发文的状态，机构间未来的合作

还有很大的发展空间。但从该网络中依然能看到合作较为突出的研究机构，其中发文量最高的美国卡内基·梅隆大学中心度最高（值为9），即其曾与9家机构开展过合作，如美国亚利桑那州立大学、巴西圣保罗大学、日本筑波大学等；与美国卡内基·梅隆大学有相同合作度中心度的是美国印第安纳大学，其曾与中国国防科技大学、美国南加州大学、美国卡内基·梅隆大学等9个机构开展过研究。

3. 社交机器人主要关注作者

通过社交机器人相关成果署名作者信息的统计，可一定程度上了解社交机器人活跃的研究人员及其是否形成突出的研究团队。表1-1为发文量排名前10的作者，从发文作者的机构来看，多位作者（艾米利奥·费拉拉、凯瑟琳·卡利、金惠康等）均来源于社交机器人研究发文前十名的机构，说明他们是本机构社交机器人研究的主要力量。美国南加州大学的艾米利奥·费拉拉是发文量最多的学者，其次是美国卡内基·梅隆大学的凯瑟琳·卡利、美国印第安纳大学的菲利波·门采尔等。

表1-1　社交机器人主要研究作者分布（TOP10）

序号	作者姓名	作者机构	发文量
1	艾米利奥·费拉拉	美国南加州大学	15
2	凯瑟琳·卡利	美国卡内基·梅隆大学	9
3	菲利波·门采尔	美国印第安纳大学	8
4	金惠康	韩国高丽大学	7
5	斯特凡诺·克雷西	意大利国家研究委员会	6
6	阿比盖尔·帕拉代斯	班固利恩大学	6
7	拉米·普吉斯	班固利恩大学	6
8	阿萨夫·沙布泰	班固利恩大学	6
9	莫里吉奥·特斯科尼	意大利国家研究委员会	6
10	穆罕默德·阿布拉什	南亚大学	5

续表

序号	作者姓名	作者机构	发文量
11	尼廷·阿加沃尔	阿肯色州立大学	5
12	亚当·巴达维	美国南加州大学	5
13	姜雅琳	韩国高丽大学	5

备注：表中穆罕默德·阿布拉什、尼廷·阿加沃尔、亚当·巴达维、姜雅琳发文量并列第十。

　　以作者为节点，作者间的合作关系为边，选取发文量大于等于4的84位作者构建共现矩阵并通过 Gephi 实现社交机器人主要研究作者合作网络可视化图谱，如图1-8所示（图中节点和边的含义同机构合作网络）。从图中可以看出，作者合作开展社交机器人研究较为普遍，84位作者中仅13位作者独立开展研究，合作率较高，但从作者之间的合作强度来看，多数作者之间的合作频次较低，合作强度最高的是以色列班固利恩大学的阿比盖尔·帕拉代斯、拉米·普吉斯、阿萨夫·沙布泰三位学者，共合作发文了6次。虽然作者间合作的紧密度有待进一步加强，但从合作网络来看，社交机器人研究依然形成了一些较突出的研究团队。其中最大的研究团队是以美国南加州大学的艾米利奥·费拉拉与美国印第安纳大学的菲利波·门采尔和亚力桑德罗·弗拉米尼为核心，14位作者组成的合作网络，共发文21篇，研究主题涉及社交机器人检测①、社交机器人传播策略②、社交机器人传播效果③等。其次是以色列班固利恩大学的尤瓦尔·伊洛维奇、

① MENDOZA M, TESCONI M, CRESCI S. Bots in social and interaction networks：detection and impact estimation［J］. ACM transactions on information systems, 2020, 39（1）：1-32.

② SHAO C, HUI P M, CUI P, et al. Tracking and characterizing the competition of fact checking and misinformation：case studies［J］. IEEE access, 2018, 6：75327-75341.

③ BADAWY A, ADDAWOOD A, LERMAN K, et al. Characterizing the 2016 Russian IRA influence campaign［J］. Social network analysis and mining, 2019, 9（1）：1-11.

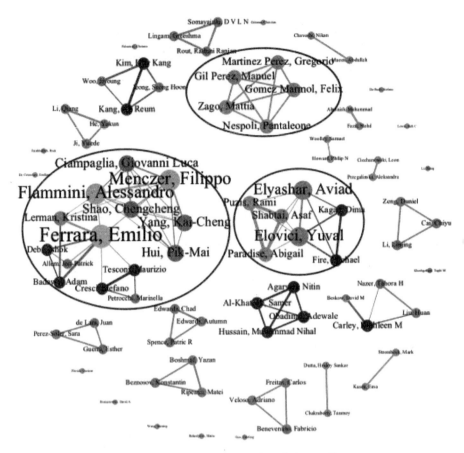

图1-8　社交机器人主要研究作者合作网络图

阿维德·埃利亚沙尔等7位作者组成的合作网络，共发文10篇，该团队的研究内容以社交机器人与窃取用户信息为主①②③，包括该类机器人是如何

① ELISHAR A, FIRE M, KAGAN D, et al. Homing socialbots: intrusion on a specific organization's employee using socialbots［C］//Proceedings of the 2013 IEEE/ACM international conference on advances in social networks analysis and mining. Los Alamitos, CA: IEEE Computer Society, 2013: 1358-1365.

② PARADISE A, PUZIS R, SHABTAI A. Anti-reconnaissance tools: detecting targeted socialbots［J］. IEEE internet computing, 2014, 18（5）: 11-19.

③ ABIGAIL P, ASAF S, RAMI P. Detecting organization-targeted socialbots by monitoring social network profiles［J］. Networks and spatial economics, 2019, 19（3）: 731-761.

在社交网络中窃取目标用户信息，以及如何识别这类机器人、如何进行防控等。另一个合作较紧密的网络是西班牙穆尔西亚大学格雷戈里奥·马丁内斯·佩雷斯、曼努埃尔·吉尔·佩雷斯等5位学者构成的，共发文3篇，主要研究内容为2019年西班牙大选期间Twitter上政治社交机器人的行为①及社交机器人的防御措施。②

（三）社交机器人领域主要研究主题

关键词是从论文的题名、摘要和正文中提取出来，是对表征论文的核心内容有实质意义的词汇，当某一类关键词在其所在领域文献中反复出现，则该类关键词所反映的研究问题可表征该领域现阶段所关注的研究主题。因此，本部分通过631篇文献的高频关键词及关键词之间的共现关系揭示社交机器人的主要研究主题，如表1-2所示为出现频次大于等于3的98个关键词，为展示关键词之间的关联关系，通过关键词聚类图谱呈现（见图1-9），图中节点及关键词标签的大小代表词频的大小，节点之间的连线粗细代表共现频次的多少。对表1-2的高频关键词及图1-9的聚类进行分析，目前社交机器人的研究主题大致体现在以下四个方面。

———————————

① PASTOR-GALINDO J, ZAGO M, NESPOLI P, et al. Spotting political social bots in Twitter: a use case of the 2019 Spanish general election [J]. IEEE transactions on network and service management, 2020, 17 (4): 2156-2170.

② ZAGO M, NESPOLI P, PAPAMARTZIVANOS D, et al. Screening out social bots inter-ference: are there any silver bullets? [J]. IEEE communications magazine, 2019, 57 (8): 98-104.

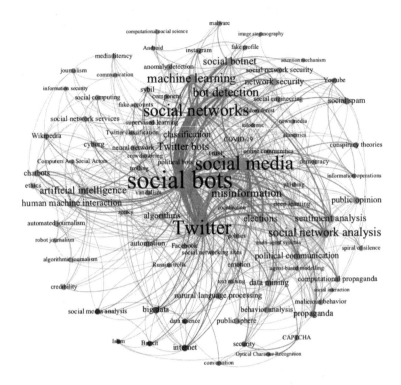

图 1-9　社交机器人研究成果关键词聚类图谱

表 1-2　社交机器人科研成果高频关键词（频次≥3）

序号	关键词	频次	序号	关键词	频次
1	social bots	183	50	Brexit	4
2	Twitter	111	51	communication	4
3	social media	93	52	conversation	4
4	social networks	92	53	crowdsourcing	4
5	bot detection	48	54	democracy	4
6	misinformation	32	55	information operations	4
7	social botnet	32	56	instagram	4
8	social network analysis	31	57	malware	4

续表

序号	关键词	频次	序号	关键词	频次
9	machine learning	29	58	neural network	4
10	chatbots	28	69	public sphere	4
11	artificial intelligence	22	60	Russian trolls	4
12	human machine interaction	22	61	social engineering	4
13	elections	20	62	trolling	4
14	Twitter bots	16	63	agency	3
15	sentiment analysis	15	64	agent-based modelling	3
16	classification	13	65	algorithmic journalism	3
17	network security	11	66	altmetrics	3
18	social network security	11	67	Android	3
19	internet	10	68	attention mechanism	3
20	political communication	10	69	Computers Are Social Actors	3
21	big data	9	70	component	3
22	data mining	9	71	computational social science	3
23	natural language processing	9	72	conspiracy theories	3
24	sybil	9	73	coordination	3
25	algorithms	8	74	credibility	3
26	automation	8	75	data science	3
27	CAPTCHA	8	76	fake profile	3
28	propaganda	8	77	image steganography	3
29	security	8	78	infodemic	3
30	behavior analysis	7	79	information security	3
31	deep learning	7	80	Islam	3

续表

序号	关键词	频次	序号	关键词	频次
32	trust	7	81	journalism	3
33	Wikipedia	7	82	malicious behavior	3
34	anomaly detection	6	83	media literacy	3
35	computational propaganda	6	84	multi-agent systems	3
36	emotion	6	85	news media	3
37	ethics	6	86	Optical Character Recognition	3
38	public opinion	6	87	phishing	3
39	social media analysis	6	88	political bots	3
40	social network services	6	89	politics	3
41	social spam	6	90	random forest	3
42	Twitter classification	6	91	robot journalism	3
43	COVID-19	5	92	social computing	3
44	cyborg	5	93	social interaction	3
45	Facebook	5	94	spiral of silence	3
46	fake accounts	5	95	supervised learning	3
47	online communities	5	96	text mining	3
48	social networking sites	5	97	vandalism	3
49	automated journalism	4	98	Youtube	3

　　研究主题一：技术赋权下的社交机器人治理（图1-9中的荧光绿色聚类，该主题下的高频关键词包括：social networks、bot detection、social botnet、machine leaning、Twitter bots、classification、network security、social network security、sybil、anomaly detection、Twitter classification等）。该主题

是目前社交机器人领域的主要研究方向，以计算机领域的学者为研究代表，从技术层面探讨如何对在线社交网络上的机器人进行治理，核心内容包括社交机器人的检测、模拟等。

1. 社交机器人的检测识别。鉴于社交网络中可能潜伏着大量未知的恶意社交机器人，并对我们的在线生态系统产生破坏，从社交网络用户中检测并识别出这类机器人成为很多学者的研究重点，研究内容侧重于社交机器人的检测方法与技术。较早对在线社交网络上的自动账号检测进行研究的工作，可以追溯到美国佐治亚理工学院的萨里塔·雅迪等人对 Twitter 上的垃圾信息进行检测的研究。① 因为早期的社交机器人比较简单，有非常明显的自动化特征，检测主要是基于监督机器学习的方法，且是针对单个账号逐一进行检测。随着检测方法的攻破，社交机器人也在不断地升级，原有的检测方法很难检测出新的社交机器人，那么研究人员针对新的社交机器人特征提出的检测方法也在推陈出新。按照检测技术划分，现有的社交机器人检测方法包括（1）基于图论的检测方法②；（2）基于机器学习

---

① YARDI S, ROMERO D, SCHOENEBECK G, Boyd D. Detecting spam in a Twitter network [J]. First Monday, 2010, 15（1）: 2793.

② CORNELISSEN L A, BARNETT R J, SCHOONWINKEL P, et al. A network topology approach to bot classification [C] //Proceedings of the annual conference of the South African institute of computer scientists and information technologists. New York, NY: ACM, 2018: 79-88;
AHMED F, ABULAISH M. A generic statistical approach for spam detection in online social networks [J]. Computer communications, 2013, 36（10-11）: 1120-1129;
DORRI A, ABADI M, DADFARNIA M. SocialBotHunter: botnet detection in Twitter-like social networking services using semi-supervised collective classification [C] //2018 IEEE 16th Intl Conf on dependable, autonomic and secure computing, 16th Intl Conf on pervasive intelligence and computing, 4th Intl Conf on big data intelligence and computing and cyber science and technology congress（DASC/PiCom/DataCom/CyberSciTech）. Piscataway, NJ: IEEE, 2018: 496-503;
HURTADO S, RAY P, MARCULESCU R. Bot detection in Reddit political discussion [C] //Proceedings of the fourth international workshop on social sensing. New York, NY: ACM, 2019: 30-35.

的检测方法（监督学习①、无监督学习②、半监督学习③）；（3）基于众

① ALARIFI A, ALSALEH M, AL-SALMAN A M. Twitter turing test: Identifying social machines [J]. Information sciences, 2016, 372: 332-346;

CHU Z, GIANVECCHIO S, WANG H, et al. Detecting automation of Twitter accounts: Are you a human, bot, or cyborg? [J]. IEEE transactions on dependable & secure computing, 2012, 9 (6): 811-824;

TELJSTEDT C, ROSELL M, JOHANSSON F. A semi-automatic approach for labeling large amounts of automated and non-automated social media user accounts [C] //2nd European network intelligence conference. Piscataway, NJ: IEEE, 2015: 155-159;

SNEHA K, EMILIO F. Deep neural networks for bot detection [J]. Information sciences, 2018, 467: 312-322;

PING H, QIN S. A social bots detection model based on deep learning algorithm [C] // 2018 IEEE 18th international conference on communication technology (ICCT). Piscataway, NJ: IEEE, 2018: 1435-1439;

MORSTATTER F, WU L, NAZER T H, et al. A new approach to bot detection: Striking the balance between precision and recall [C] //Proceedings of the 2016 IEEE/ACM international conference on advances in social networks analysis & mining. Piscataway, NJ: IEEE, 2016: 533-540;

IGAWA RA, BARBON S, PAULO K C S, et al. Account classification in online social networks with LBCA and wavelets [J]. Information sciences, 2016, 332: 72-83.

DICKERSON J P, KAGAN V, SUBRAHMANIAN V S. Using sentiment to detect bots on Twitter: Are humans more opinionated than bots? [C] //2014 proceedings of the IEEE/ACM international conference on advances in social networks analysis and mining. Piscataway, NJ: IEEE, 2014: 620-627.

② AHMED F, ABULAISH M. A generic statistical approach for spam detection in online social networks [J]. Computer communications, 2013, 36 (10-11): 1120-1129;

CHAVOSHI N, HAMOONI H, MUEEN A. DeBot: Twitter bot detection via warped correlation [C] //Proceedings of the16th IEEE international conference on data mining. Piscataway, NJ: IEEE, 2016: 817-822;

CRESCI S, PIETRO R D, PETROCCHI M, et al. Social fingerprinting: detection of spambot groups through DNA-inspired behavioral modeling [J]. IEEE transactions on dependable and secure computing, 2017, 15 (4): 561-576;

ABU-EL-RUB N, MUEEN A. Botcamp: Bot-driven interactions in social campaigns [C] // Proceedings of the world wide web conference. New York, NY: ACM, 2019: 2529-2535.

③ DORRI A, ABADI M, DADFARNIA M. SocialBotHunter: botnet detection in Twitter-like social networking services using semi-supervised collective classification [C] //2018 IEEE 16th Intl Conf on dependable, autonomic and secure computing, 16th Intl Conf on pervasive intelligence and computing, 4th Intl Conf on big data intelligence and computing and cyber science and technology congress (DASC/PiCom/DataCom/CyberSciTech). Piscataway, NJ: IEEE, 2018: 496-503;

SHI P, ZHANG Z, CHOO K K R. Detecting Malicious Social Bots Based on Clickstream Sequences [J]. IEEE Access, 2019, 7: 28855-28862.

包的检测方法①②；以及④基于异常行为的检测方法，③④⑤ 具体分类见图
1-10。⑥ 按照检测特征可以将检测方法⑦划分为：（1）基于社交网络分析
的方法，如通过账户的网络结构、网络特征等检测社交机器人⑧⑨⑩⑪；
（2）基于内容和行为分析的方法，如通过用户信息、文本特征、URL 特
征、话题/提及/转发特征、发布时间特征、情感特征等来区分社交机器人

---

① WANG G, MOHANLAI M, WILSON C, et al. Social turing tests: crowdsourcing sybil detection [C] //Proceedings of the 20th annual network distributed system security symposium (NDSS). Rosten, VA: Internet Society, 2013.

② CRESCI S, PIETRO R D, PETROCCHI M, et al. The Paradigm - Shift of Social Spambots: Evidence, Theories, and Tools for the Arms Race [C] //Proceedings of the 26th International Conference on World Wide Web Companion. New York, NY: ACM, 2017: 963-972.

③ WANG J, PASCHALIDIS I C. Botnet detection based on anomaly and community detection [J]. IEEE transactions on control of network systems, 2017, 4 (2): 392-404.

④ COSTA A F, YAMAGUCHI Y, TRAINA A J M, et al. Modeling temporal activity to detect anomalous behavior in social media [J]. ACM transactions on knowledge discovery from data, 2017, 11 (4): 1-23.

⑤ PAN J, LIU Y, LIU X, et al. Discriminating bot accounts based solely on temporal features of microblog behavior [J]. Physica A: statistical mechanics and its applications, 2016, 450: 193-204.

⑥ ORABI M, MOUHEB D, AGHBARI Z A, et al. Detection of bots in social media: a systematic review [J]. Information processing & management, 2020, 57 (4): 1-23.

⑦ ADEWOLE K S, ANUAR N B, KAMSIN A, et al. Malicious accounts: Dark of the social networks [J]. Journal of network & computer applications, 2017, 79 (2): 41-67.

⑧ WANG T S, LIN C S, LIN H T. DGA Botnet Detection Utilizing Social Network Analysis [C] //2016 international symposium on computer, consumer and control (IS3C). Piscataway, NJ: IEEE, 2016: 333-336.

⑨ LINGAM G, ROUT R R, SOMAYAJULU D V L N. Adaptive deep Q-learning model for detecting social bots and influential users in online social networks [J]. Applied intelligence, 2019, 49 (11): 3947-3964.

⑩ ZHAO C, XIN Y, LI X, et al. An attention-based graph neural network for spam bot detection in social networks [J]. Applied sciences, 2020, 10 (22): 8160.

⑪ MENDOZA M, TESCONI M, CRESCI S. Bots in social and interaction networks: detection and impact estimation [J]. ACM transactions on information systems, 2020, 39 (1): 1-32.

与人类①②③④⑤⑥；（3）同时结合社交网络、推文内容、社交机器人行为分析的方法。⑦⑧⑨⑩

（2）社交机器人的仿真模拟。了解社交机器人在社交媒体上的活动特

① CAI C, LI L, ZENG D. Behavior enhanced deep bot detection in social media［C］// 2017 IEEE international conference on intelligence & security informatics. Piscataway, NJ：IEEE, 2017：128−130.

② KANTEPE M, GANIZ M C. Preprocessing framework for Twitter bot detection［C］// 2017 international conference on computer science & engineering. Piscataway, NJ：IEEE, 2017：630−634.

③ LIU X. A big data approach to examining social bots on Twitter［J］. Journal of Services Marketing, 2019, 33（4）：369−379.

④ CAI C, LI L, ZENG D. Detecting social bots by jointly modeling deep behavior and content information［C］//Proceedings of the 2017 ACM conference on information and knowledge management. New York, NY：ACM, 2017：1995−1998.

⑤ SIVANESH S, KAVIN K, HASSAN A A. Frustrate Twitter from automation：How far a user can be trusted?［C］//Proceedings of the 2013 international conference on human computer interactions. Piscataway, NJ：IEEE, 2014.

⑥ ROUT R R, LINGAM G, SOMAYAJULU D V L N. Detection of malicious social bots using learning automata with URL features in Twitter network［J］. IEEE Transactions on Computational Social Systems, 2020, 7（4）：1004−1018.

⑦ WANG A H. Detecting spam bots in online social networking sites：a machine learning approach［C］//Proceedings of the 24th annual IFIP WG 11.3 working conference on data and applications security and privacy. Berlin, Heidelberg：Springer−Verlag, 2010：335−342.

⑧ DORRI A, ABADI M, DADFARNIA M. SocialBotHunter：botnet detection in Twitter−like social networking services using semi−supervised collective classification［C］//2018 IEEE 16th Intl Conf on dependable, autonomic and secure computing, 16th Intl Conf on pervasive intelligence and computing, 4th Intl Conf on big data intelligence and computing and cyber science and technology congress（DASC/PiCom/DataCom/CyberSciTech）. Piscataway, NJ：IEEE, 2018：496−503.

⑨ FAZIL M, ABULAISH M. A socialbots analysis − driven graph − based approach for identifying coordinated campaigns in twitter［J］. Journal of Intelligent and Fuzzy Systems, 2020, 38（9）：1−17.

⑩ KOTENKO I, KOLOMEEC M, CHECHULIN A, et al. Hybrid approach for bots detection in social networks based on topological, textual and statistical features［C］//Proceedings of the 4th international scientific conference on intelligent information technologies for industry. Switzerland：Springer, Cham, 2020：412−421.

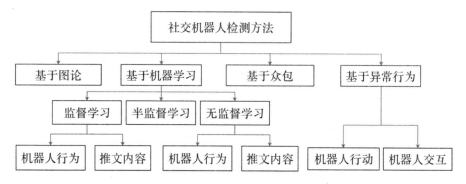

图 1-10 社交机器人检测方法

征，才能更好地开展检测并实施防御。一些研究人员通过在社交网络上模拟社交机器人，来观察社交机器人的传播过程，如李书浩等人构建了僵尸网络的传播模型，模拟僵尸网络在不同社交网络中的感染过程。① 还有一些研究者通过在社交媒体上部署社交机器人，观察机器人对普通用户的渗透情况，结果表明：社交机器人可以对社交网络中的普通用户实现成功渗透，如博瑟姆、亚赞等学者的实验发现 Facebook 等社交媒体可以以高达 80% 的成功率被渗透。② 而社交机器人具备不同的特征则会影响渗透的成功率，如 Mohd Fazil 等人向使用 Twitter 排名前六的国家的用户中注入了 98 个社交机器人，研究社交机器人的基本信息（如年龄、性别等）及行为对渗透率的影响，实验结果发现属于印度的社交机器人成功地欺骗了最多的用户，而印度尼西亚的社交机器人渗透程度最低③；马坦娜·哈德米等人在 Twitter 上创建了 128 个基本信息和行为特征不同的社交机器人账户，研究不同特征对渗透率的影响，

① LI S, YUN X, HAO Z, et al. Modeling social engineering botnet dynamics across multiple social networks ［C］//Proceedings of the 27th IFIP international information security conference ［C］. Berlin, Heidelberg: Springer-Verlag, 2012：261-272.

② BOSHMAF Y, MUSLUKHOV I, BEZNOSOV K, et al. Design and analysis of a social botnet ［J］. Computer Networks, 2013, 57（2）：556-578.

③ FAZIL M, ABULAISH M. Why a socialbot is effective in Twitter? A statistical insight ［C］//Proceedings of the 9th international conference on communication systems & networks. Piscataway, NJ：IEEE, 2017：564-569.

结果表明：社交机器人的行为特征对渗透率有显著的影响，而基本信息特征对渗透率的影响较低。① 此类关于社交机器人活动路径的实验及跟踪的研究结果可以辅助后期研究者提出针对性的检测方法和防御策略。

研究主题二：社交机器人的角色与影响（图 1-9，该主题下的高频关键词包括：social bots、Twitter、social media、misinformation、elections、algorithms、automation、deep learning、trust、COVID-19、Facebook、online communities、social networking sites 等）。该主题是研究人员关注的重要问题，多以社交机器人的实际应用案例为分析对象，关注各利益群体在社交媒体上部署社交机器人的目的及产生的社会影响。本主题相关研究多侧重于恶意社交机器人的角色与影响。

1. 社交机器人的角色与作用。研究表明，大量的社交机器人被应用于政治活动中，以操纵公众舆论实现相应的政治目的，如 2010 年美国中期选举②、2016 年英国脱欧③、2016 年美国总统大选④⑤、2017 年法国总统大

① KHADEMI M, HOSSEINI MOGHADDAM S, ABBASPOUR M. An empirical study of the effect of profile and behavioral characteristics on the infiltration rate of socialbots [C] // Proceedings of the 25th Iranian conference on electrical engineering. Piscataway, NJ: IEEE, 2017: 2200-2205.

② RATKIEWICZ J, CONOVER M, MEISS M, et al. Detecting and tracking political abuse in social media [C] //Proceedings of the fifth international AAAI conference on weblogs and social media, 2011: 297-303.

③ HOWARD P N, K LLANYI B. Bots, #strongerin, and #brexit: Computational propaganda during the UK-EU referendum [J]. SSRN, 2016: 10.

④ HOWARD P N, WOOLLEY S, CALO R. Algorithms, bots, and political communication in the US 2016 election: The challenge of automated political communication for election law and administration [J]. Journal of information technology & politics, 2018, 15 (7): 1-13.

⑤ BOICHAK O, JACKSON S, HEMSLEY J, et al. Automated diffusion? bots and their influence during the 2016 U. S. presidential election [C] //Proceedings of the 13th international conference on transforming digital worlds. Switzerland: Springer, Cham, 2018: 17-26.

选①、2017年智利总统大选②、2018年瑞典总统大选③等重要的政治事件中均发现了社交机器人的痕迹。拉特基维奇等学者研究发现，2010年美国中期选举中，被操纵的社交机器人在社交媒体上散布虚假信息以支持某位候选人、污蔑其对手，从而影响政治选举结果。菲利普·霍华德与本斯·科拉尼研究发现，英国脱欧事件期间，占比不到1%的社交机器人账户产生的推文数量却占总推文量的三分之一。奥尔佳·博伊查克等人的研究发现，在2016年美国大选期间，恶意的社交机器人通过扩散虚假信息来扰乱网络空间信息传播。社交机器人除了在政治活动中被滥用，在其他的一些事件中也能发现其身影，如袁晓仪等学者的研究发现，Twitter上关于是否接种MMR（Measles，Mumps and Rubella）疫苗的讨论用户中，混迹着社交机器人（占总用户的1.45%）。④在金融市场中，人们在微博上关注的内容被越来越多用于预测股票的价格和交易量，而研究表明微博平台中共享的许多股票相关的内容都是由社交机器人创建和发布的。⑤

2. 社交机器人的传播效果。社交网络上被操控的社交机器人具体会产生怎样的社会影响也是研究人员关注的一个焦点。研究发现，社交机器人可以影响政治讨论网络，影响公众情绪。2016年美国大选期间，社交机器

---

① FERRARA E. Disinformation and social bot operations in the run up to the 2017 French presidential election [J]. First Monday, 2017, 22 (7-8): 8005.

② SANTANA L E, CANEPA G H. Are they bots? Social media automation during Chile's 2017 presidential campaign [J]. Cuadernos info, 2019 (44): 61-77.

③ FERNQUIST J, KAATI L, SCHROEDER R. Political bots and the Swedish general election [C] //Proceedings of the 2018 IEEE international conference on intelligence and security informatics (ISI). Piscataway, NJ: IEEE, 2018: 124-129.

④ YUAN X, SCHUCHARD R J, CROOKS A T. Examining emergent communities and social bots within the polarized online vaccination debate in Twitter [J]. Social media + society, 2019, 5 (3): 1-12.

⑤ CRESCI S, LILLO F, REGOLI D, et al. Cashtag piggybacking: uncovering spam and bot activity in stock microblogs on Twitter [J]. ACM transactions on the web, 2018, 13 (2): 10.

人在极右的政治消息传递周围创造了虚拟社区，削弱了传统参与者（如媒体、领域专家）的影响力，并通过扩大"亲特朗普的消息"的传递，影响了网络情绪。① 2017 年加泰罗尼亚独立公投期间，社交机器人提高了负面内容及煽动性内容的曝光度，加剧了独立主义者和立宪主义者两个对立群体的在线冲突。② 此外，随着越来越多的人转向社交媒体咨询健康方面的信息，社交机器人也被操纵用于推广一些可以从中获益的产品（如烟草、保健品、药物等），或传播不良的健康信息来误导人们。③ 有研究发现，社交机器人反疫苗接种的推文会加剧人们反对接种疫苗的趋势④；而亚当·邓恩等人的研究发现，社交机器人在美国活跃的 Twitter 用户中传播疫苗关键信息的作用比较有限。⑤ 但在金融市场中，有研究发现社交机器人的推文与每日的股票收益、波动率和交易量之间存在显著的关系。⑥

　　研究主题三：用户对善意社交机器人的看法与态度（图 1-9，该主题下的高频关键词包括：chatbots、artificial intelligence、human machine inter-action、Wikipedia、ethics、social network services、automated journalism、

① HAGEN L, NEELY S, KELLER T E, et al. Rise of the machines? Examining the influence of social bots on a political discussion network [J]. Social science computer review, 2020 (10): 10.
② STELLA M, FERRARA E, De DOMENICO M. Bots increase exposure to negative and inflammatory content in online social systems [J]. Proceedings of the National Academy of Sciences of the United States of America, 2018, 115 (49): 12435-12440.
③ JON-PATRICK A, EMILIO F. Could social bots pose a threat to public health? [J]. American journal of public health, 2018, 108 (8): 1005-1006.
④ YUAN X, SCHUCHARD R J, CROOKS A T. Examining emergent communities and social bots within the polarized online vaccination debate in Twitter [J]. Social media + society, 2019, 5 (3): 1-12.
⑤ DUNN A G, SURIAN D, DALMAZZO J, et al. Limited role of bots in spreading vaccine-critical information among active Twitter users in the United States: 2017-2019 [J]. American journal of public health, 2020, 110 (S3): S319-S325.
⑥ FAN R, TALAVERA O, TRAN V. Social media bots and stock markets [J]. European financial management, 2020, 26 (3): 753-777.

communication、algorithmic journalism、journalism 等）。本主题主要基于用户与社交网络上善意社交机器人（如新闻机器人、Wikipedia 编辑机器人、招聘机器人、聊天机器人等）之间的交互经历，研究用户对这类机器人的看法与态度，其中新闻机器人是学界讨论的重点。

新闻受众向社交媒体的转移对新闻机构提出了挑战，如何适应社交媒体环境是新闻业务可持续的重要问题。新闻机器人是当前媒体环境中提供的关键技术之一，越来越多的新闻机构探索将新闻机器人应用于新闻写作、传播以及与受众互动。① 那么，新闻受众对这种新生事物的使用体验及看法便成为研究人员关注的问题。从研究结果来看，新闻受众对新闻社交机器人总体处于可接受的状态。希瑟·福特和乔纳森·胡钦森调查了澳大利亚广播公司（ABC）的新闻聊天机器人与受众之间的交互现状，发现新闻机器人通过与用户建立非正式、更加亲密的关系为新闻机构吸引了更多的受众。② 迭戈·戈麦斯–萨拉与尼古拉斯·迪亚科普洛斯以新闻机器人与 Twitter 用户的交互为研究案例，发现用户对新闻机器人的态度是逐渐转变的，从最初的忽视新闻机器人到愿意解决新闻机器人策划的内容，再到直接响应新闻机器人本身。③ 哈达·桑切斯·冈萨雷斯和玛丽亚·桑切斯·冈萨雷斯基于用户对 Politibot 对话式政治新闻机器人的使用体验，分析用户对机器人作为新闻和对话工具的看法，结果表明机器人所发送消息的可靠性、可理解性、及时性及消息的格式与个性化均得到了用户的

---

① HONG H, Oh H J. Utilizing Bots for sustainable news business: Understanding users' perspectives of news bots in the age of social media [J]. Sustainability, 2020, 12 (16): 10.

② FORD H, HUTCHINSON J. Newsbots that mediate journalist and audience relationships [J]. Digital journalism, 2019, 7 (8): 1013-1031.

③ GÓMEZ-ZARA D, DIAKOPOULOS N. Characterizing communication patterns between audiences and newsbots [J]. Digital journalism, 2020, 8 (9): 1093-1113.

认可。①

　　研究主题四：社交机器人与人类的特征差异（图 1-9，该主题下的高频关键词包括：social network analysis、sentiment analysis、political communication、data mining、natural language processing、propaganda、behavior analysis、computational propaganda、emotion、public opinion 等）。社交机器人由于其本身的自动化属性及背后操纵者的意图，在网络结构、推文内容、用户行为、账户信息等方面可能表现出异于人类的特征。本主题相关研究成果多通过比较分析的方式，展示社交机器人与人类的差异性。

　　在网络结构方面，杜嘉·坎德等学者基于 80 万 Twitter 账号发布的 120 万推文数据研究表明，与人类相比，社交机器人的网络结构具有独有的模式，他们占据网络的中心与边缘，疏松地连接诸多受众，并频繁地与好友或关注者互动，以提升消息的扩散范围。② 在推文内容方面，推文的长度、推文的相似度、推文的语言情感特征及推文中含有的标签数、链接数等可能存在差异性，如楚姿等学者分析发现多数社交机器人倾向于在推文中包含 URL，以将访问者指引到到外部网页，相对而言，人类用户的推文中 URL 比例要低得多，平均仅为 29%。③ 在行为特征方面，雅各布·波扎纳与艾米利奥·费拉拉研究发现人类转发、回复或提及推文的数量会逐渐增

①　GONZALES H M S, GONZALEZ M S. Conversational bots used in political news from the point of view of the user's experience: Politibot [J]. Communication & society-spain, 2020, 33（4）: 155-168.

②　KHAUND T, BANDELI K K, HUSSAIN M N, et al. Analyzing social and communication network structures of social bots and humans [C] //Proceedings of 2018 IEEE/ACM international conference on advances in social networks analysis and mining. Piscataway, NJ: IEEE, 2018: 794-797.

③　CHU Z, GIANVECCHIO S, WANG H, et al. Detecting automation of Twitter accounts: Are you a human, bot, or cyborg? [J]. IEEE transactions on dependable & secure computing, 2012, 9（6）: 811-824.

加、发推文的数量会逐渐减少，而社交机器人则不存在此种趋势，① 斯特凡·施蒂格利茨等学者的研究也发现人类账号与机器人账号每天的粉丝量、转发量、提及量以及超链接量存在明显的差异性②；此外，人类用户更倾向于发布一些新的推文，而机器人则经常大量转发或重复发布同一条消息。③ 在账户信息方面，包括账户的创建时间、头像、语言、地理位置、验证状态等，社交机器人与人类也可能存在差异性。

（四）社交机器人研究主要学术影响力

衡量科研成果学术影响力的一个重要途径是分析成果被后来学者的引用情况。根据 Web of Science 核心合集引证报告显示，社交机器人相关成果的学术影响力在近些年呈现明显增长的趋势，尤其是在 2017 年之后快速增长（见图 1-11）。2010 年至今，631 篇社交机器人科研成果被引总次数达到 4938 次，篇均被引次数为 7.83 次，平均每年的被引用次数达 411.50 次。

按照总被引用频次对 631 篇社交机器人相关科研成果进行排序，可以看到，社交机器人成果中较有影响力的一些成果，如表 1-3 所示为截至检索时间，被引频次较高的前十篇文章的题目、通讯作者信息、发表期刊、发表日期、被引频次。这 10 篇文章中 6 篇发表于计算机科学领域高质量的期刊上，其余几篇分别发表于交叉学科（2 篇）、公共卫生（1 篇）、心理学（1 篇）领域；研究内容涉及社交机器人检测识别、社交机器人仿真模

① POZZANA I, FERRARA E. Measuring Bot and human behavioral dynamics [J]. Frontiers in physics, 2018, 8: 10.

② STIEGLITZ S, BRACHTEN F, DAVINA BERTHELÉ, et al. Do social bots (still) act different to humans? —Comparing metrics of social bots with those of humans [J]. 2017, 10282: 379-395.

③ GILANI Z, FARAHBAKSH R, TYSON G, et al. A Large-scale Behavioural Analysis of Bots and Humans on Twitter [J]. ACM Transactions on the Web (TWEB), 2019, 13 (1): 187-209.

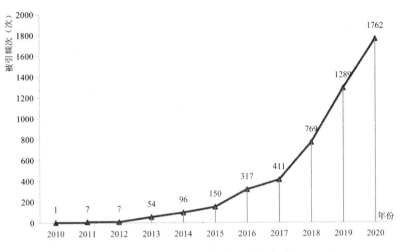

图 1-11　社交机器人领域的科研成果被引用情况

拟、社交机器人角色及影响、社交机器人与普通用户差异分析等。如被引频次最高的文章"The Rise of Social Bots"，由美国南加州大学艾米利奥·费拉拉等学者合作完成发表于 *Communications of the ACM* 上，文中综述了社交机器人检测常用的 4 种方法：基于社交网络信息的检测方法、基于众包和发挥人工智能杠杆作用的检测方法、基于可识别特征的机器学习检测方法及综合多种策略的检测方法。[①] 英属哥伦比亚大学的亚赞·博瑟姆等学者设计并构建了一个社交机器人网络（Socialbot Network），并将其在 Facebook 上运行，以分析社交机器人的渗透对普通用户行为的影响。[②] 美国乔治华盛顿大学的戴维·布罗尼亚托夫斯基等学者比较了社交机器人与普通用户对疫苗信息的传播情况，结果表明社交机器人在 Twitter 上传播关于

① FERRARA E, VAROL O, DAVIS C, et al. The rise of social bots [J]. Communications of the ACM, 2016, 59 (7)：96-104.
② BOSHMAF Y, MUSLUKHOV I, BEZNOSOV K, et al. The socialbot network：when bots socialize for fame and money [C] //Proceedings of the 27th annual computer security applications conference. New York, NY：ACM, 2011：93-102.

疫苗的虚假信息，动摇了公众对疫苗接种的信任。①

表 1-3 社交机器人领域被引频次较高的 TOP10 科研成果

题目	通讯作者	发表期刊	发表日期	被引频次
The Rise of Social Bots	Emilio Ferrara；Univ Southern Calif, Los Angeles, CA 90089 USA；USG Informat Sci Inst, Los Angeles, CA 90089 USA.	Communications of the ACM（Q1 区）	2016	376
Detecting Automation of Twitter Accounts：Are You a Human, Bot, or Cyborg?	Zi Chu；Twitter Inc, 1355 Market St, Suite 900, San Francisco, CA 94103 USA.	IEEE Transactions on Dependable and Secure Computing（Q1 区）	2012	206
Weaponized Health Communication：Twitter Bots and Russian Trolls Amplify the Vaccine Debate	David A. Broniatowski；George Washington Univ, Sch Engn & Appl Sci, Dept Engn Management & Syst Engn, Washington, DC 20052 USA.	American Journal of Public Health（Q1 区）	2018	169
Who is Tweeting on Twitter：Human, Bot, or Cyborg?	Zi Chu；Coll William & Mary, Dept Comp Sci, Williamsburg, VA 23187 USA.	26th Annual Computer Security Applications Conference（ACSAC）	2010	163

---

① BRONIATOWSKI D A, JAMISON A M, SIHUA Q, et al. Weaponized health communication：Twitter bots and Russian trolls amplify the vaccine debate［J］. American journal of public health，2018，108（10）：1378-1384.

续表

题目	通讯作者	发表期刊	发表日期	被引频次
The Socialbot Network：When Bots Socialize for Fame and Money	Yazan Boshmaf；Univ British Columbia，Vancouiver，BC，Canada.	27th Annual Computer Security Applications Conference（ACSAC）	2011	136
Exposure to Opposing Views on Social Media Can Increase Political Polarization	Christopher A. Bail；Duke Univ，Dept Sociol，Durham，NC 27708 USA.	Proceedings of the National Academy of Sciences of the United States of America（Q1 区）	2018	131
The Spread of Low – Credibility Content by Social Bots	Filippo Menczer；Indiana Univ，Network Sci Inst，Bloomington，IN 47408 USA.	Nature Communications（Q1 区）	2018	105
The DARPA Twitter Bot Challenge	V. S. Subrahmanian；Univ Maryland，Inst Adv Comp Studies，College Pk，MD 20742 USA.	Computer（Q1 区）	2016	90
Tweets as impact indicators：Examining the implications of automated " bot" accounts on Twitter	Stefanie Haustein；Univ Montreal，Ecole Bibliothecon & Sci Informat，CP 6128，Succ Ctr Ville，Montreal，PQ H3C 3J7，Canada.	Journal of the Association for Information Science and Technology（Q2、Q3 区）	2016	88

续表

题目	通讯作者	发表期刊	发表日期	被引频次
Is that a bot running the social media feed? Testing the differences in perceptions of communication quality for a human agent and a bot agent on Twitter	Chad Edwards; Western Michigan Univ, Sch Commun, 1903 W Michigan Ave, 300 Sprau Tower, Kalamazoo, MI 49008 USA.	Computers in Human Behavior (Q1 区)	2014	83

三、社交机器人研究趋势

本书通过文献计量的方法对目前社交机器人领域的研究成果进行梳理，通过分析可以看出，社交机器人领域在整体发文、主要研究力量、主要研究主题、研究成果的学术影响力四个方面呈现以下的发展趋势：

第一个方面。自 2010 年以后，学界开始逐渐关注社交机器人的发展，研究热度呈整体上升的态势，这与近些年社交媒体、人工智能等技术的发展趋势是紧密相关且高度吻合的。社交机器人的研究领域呈现多学科、跨学科性，但各学科的活跃程度却有所差别，计算机科学领域的科研成果占绝对优势，源于社交机器人背后的技术问题（如机器人的模拟、识别、检测、防控等）一直是学界关注的重点。

第二个方面。从社交机器人的研究力量来看：宏观层面，美国是科研产出量最多的国家，其他国家的研究均处于起步阶段；中观层面，高等学校、科研院所是社交机器人研究的中坚力量，其中美国卡内基·梅隆大学的发文量居于首位，其次是美国亚利桑那州立大学、美国南加州大学；微观层面，美国南加州大学的艾米利奥·费拉拉是发文量最多的学者，且已形成了一些较突出的研究团队，其中最大的研究团队是以美国南加州大学的艾米利奥·费拉拉与美国印第安纳大学的菲利波·门采尔和亚力桑德罗·弗拉米尼为核心，共 14 位作者组成的合作网络。总的来说，社交机器人作为一个新兴的研究领域，已经形成了一定的研究力量，但总体的活跃度有待进一步提升。首先，各国家、机构、研究人员层面的发文量较低；其次作者间、机构间的合作强度不高。

第三个方面。2010 年至今，社交机器人被操控的目的及产生的社会影响是学界关注的重要问题。随着社交机器人被越来越多地用于操纵政治活动、推动反疫苗阴谋论、扰乱金融市场、窃取用户隐私、散布恶意软件等恶意活动中，且人工智能技术也在不断地更新换代，那么如何从技术角度对社交机器人进行治理（包括社交机器人的检测识别、社交机器人的仿真模拟等）一直是学者们不断探索的问题。为提出切实有效的社交机器人检测方法，对社交机器人与人类的特征进行区分也是众多学者研究的主题。社交机器人除了被恶意操纵外，一些善意的社交机器人也出现在我们的视野，如新闻机器人、编辑机器人，因此也有部分学者对这部分机器人开展研究。

第四个方面。社交机器人相关成果的影响力在近些年呈明显增长的趋势，尤其是 2017 年之后呈快速增长，再一次说明社交机器人的关注度在不断地提升。其中影响力较高的几篇文章研究内容涉及社交机器人检测识别、社交机器人仿真模拟、社交机器人角色及影响、社交机器人与普通用户差异分析等。

综合社交机器人目前的研究进展，未来依然有很多问题需要学者们继续探索。首先，现有的研究多是以 Twitter 上的社交机器人为研究对象，那么其他社交媒体上的机器人现状如何，是否存在差异性？其次，社交机器人一直在升级，学者们也一直在与不断升级的社交机器人做斗争，检测技术推陈出新，那么如何保证检测方法的时代性也是未来值得进一步研究的问题。再次，社交机器人所涉及的伦理问题需要进一步讨论，目前学界对此尚无一致的看法。有学者认为使用社交机器人存在欺骗性，带有政治操纵的性质，是一种腐败的行为，会扰乱网络秩序且不利于网络信任等，而有学者则认为持反对意见的学者高估了社交机器人带来的危害。①②

第二节　国内社交机器人研究现状分析

近年来，学界开始逐渐关注社交机器人的发展，研究热度呈整体上升的态势。这与近些年社交媒体、人工智能等技术的发展趋势是紧密相关且高度吻合的。

国内从 2010 年开始关注社交机器人，但前期关注度不高，并且主要研究对象是实体社交机器人。2016 年以后，相关研究逐步上升，主要原因是在 2016 年以后社交机器人的研究在自我情感的生成方面得到突破，社交机器人的研究上了一个新台阶。2018 年，社交机器人在老人③与孤独症儿童的治疗④交互作用得到重视。2019 年，以张洪忠为首的研究团队首先将国内社交机器人的研究引入传播学领域。2019 年 4 月 27 日，中国首届社交机器人论坛在北师大成功举办，各个学科的学者和业界专家齐聚一堂，商讨社交机器人的发展现状及未来。2019 年和 2020 年，国内传播学对社交

① HAEG J. The ethics of political bots：Should we allow them for personal use？［J］. Journal of practical ethics，2017，5（2）：85–104.

② SALGE C A D L，BERENTE N. Is that social bot behaving unethically？［J］. Communications of the ACM，2017，60（9）：29–31.

③ 钱宏良. 基于老年人社交行为与心理的社交机器人功能需求研究［J］. 数码设计，2017（6）：211–213.

④ 王永固，黄碧玉，李晓娟，等. 孤独症儿童社交机器人干预研究述评与展望［J］. 中国特殊教育，2018（1）：32–38.

机器人的研究迎来了第一个高潮。在《2019 年智能传播的八个研究领域分析》和《2020 年中国新闻传播学研究的十个新鲜话题》中都提到了"社交机器人"。

一、研究现状

第一，统合国内外社交机器人研究现状和未来路径的综述类研究。张洪忠、段泽宁和韩秀三位学者在文章中分别综述了计算机科学和社会学领域对于社交机器人的研究，并提出了探索共生视野下传播学研究的新路径，即"人+社交机器人"的新范式。① 同时，还探讨了对社交机器人进行研究的基本方法和各学科的未来研究路径。蔡润芳将欧美学者与社交机器人有关的研究成果进行了系统综述，探讨了人机传播网络与自动传播技术的现实图景与社会影响，并总结出人工智能等自动传播技术对现有传播秩序、社会规范、道德伦理与认知常识的挑战。② 栾轶玫总结了当前社交机器人的使用及其影响，指出当前政治传播领域是国外学者社交机器人研究的主要集中所在。③ 于家琦基于社交机器人的政治参与现状，提出了"计算宣传"的全球社交媒体研究新议题，并分析了计算宣传的盛行给全球政治生态所带来的重大灾难。④ 梦非、朱庆华提到基于社交机器人的意见控制属于"传播控制造成的一种意见偏差"⑤。

---

① 张洪忠，段泽宁，韩秀 . 异类还是共生：社交媒体中的社交机器人研究路径探讨 [J]. 新闻界，2019（2）：10.
② 蔡润芳 . 人机社交传播与自动传播技术的社会建构——基于欧美学界对 Socialbots 的研究讨论 [J]. 当代传播，2017（6）：54.
③ 栾轶玫 . 人机融合情境下媒介智能机器生产研究 [J]. 上海师范大学学报（哲学社会科学版），2021（1）：117.
④ 于家琦 . 计算式宣传：全球社交媒体研究的新议题 [J]. 经济社会体制比较，2020（3）：107-116.
⑤ 梦非，朱庆华 . 社交网络信息传播中意见偏差的国外研究进展 [J]. 情报理论与实践，2021（10）：193-201.

第二，注重人机关系思考的研究。谢新洲、何雨蔚的研究以社交机器人的兴起为背景，反思了智媒时代下机器人的具身传播，并对人的主体性和具身性进行了深入思考。[①] 王亮关注社交机器人"单向度情感"的伦理问题，提出了"操控性"和"欺骗性"这两个典型路径，并分别提出了"以社交机器人为中心"和"以人为中心"的两种风险化解路径。[②] 申琦、王璐瑜从媒介等同理论的视角出发，探究了人机交互中刻板印象问题。[③] 虽然作者聚焦的是广义上的社交机器人，但其情感伦理与狭义上的社交机器人有共通之处。对于包括社交机器人在内的人工智能技术参与新闻生产的智能传播时代，薛宝琴提出了充分体现"人是媒介的尺度"这一新闻伦理观念的看法。[④] 柯泽、谭诗好认为以社交机器人为代表的人工智能媒介削弱了受众的心理感知，模糊了自我认知，对客观真实进行了扭曲，其表现形式是一种麻醉式的狂欢。社交机器人等技术看似创造出了高度拟真的"景观社会"，其实更加偏离真实和客观，并日益加剧了媒介拟态环境。[⑤]

第三，探究社交机器人参与对国际传播间现实议题作用的实证研究，本质也是对社交机器人传播模式和效果的探究。现阶段此类研究主要还是聚焦于分析社交机器人在境外社交平台的自动化传播如何影响和建构中美国际关系。师文、陈昌凤运用传播学计算的方法在 Twitter 上抓取大量与中国议题有关的信息，锁定疑似社交机器人的账户并分析其行为模式。结果

① 谢新洲，何雨蔚. 重启感官与再造真实：社会机器人智媒体的主体、具身及其关系 [J]. 新闻爱好者，2020（11）：15-20.

② 王亮. 社交机器人"单向度情感"伦理风险问题刍议 [J]. 自然辩证法研究，2020（1）：61.

③ 申琦，王璐瑜. 当"机器人"成为社会行动者：人机交互关系中的刻板印象 [J]. 新闻与传播研究，2021（2）：37.

④ 薛宝琴. 人是媒介的尺度：智能时代的新闻伦理主体性研究 [J]. 现代传播（中国传媒大学学报），2020（3）：66.

⑤ 柯泽，谭诗好. 人工智能媒介拟态环境的变化及其受众影响 [J]. 学术界，2020（7）：51-55.

表明，国外社交媒体平台中涉及中国的议题，常常遭遇被社交机器人等自动化算法账户所操纵的困境，① 这也佐证了社交机器人对用户信息接触和观点形成所产生的影响，并基于此给我国对外传播策略提供了一些优化建议。两位学者在另一篇文章中通过数据分析发现社交机器人在一级传播中的参与度比在二级传播中高，其活跃程度高于人类用户，但影响力较低，② 并借此发出了关注新闻分发渠道正当性的呼吁。张洪忠等学者在研究中发现，有关中美贸易谈判议题讨论中，社交机器人占比 13%，发布内容占比接近 20%。③ 就规律来看，社交机器人的粉丝数量与正在关注数量呈强相关关系，参与中美贸易谈判话题的社交机器人主要是消息推送，但其中没有发现意见领袖。

第四，关于社交机器人治理的研究。国内关注社交机器人的伦理影响进而提出治理方案的中文文献为数不多。一类研究依托对某一领域内社交机器人的危害进而提出相应的政策建议。何苑、赵蓓聚焦国内社交机器人对娱乐传播生态的负面影响，提出了从多方面治理的路径，包括规范市场竞争、提升平台治理能力、培养公众"机器素养"等方面。④ 张洪忠等人分析了政治机器人的三类主应用场景和五种传播策略，并从多维视角解读了未来对政治机器人的应有规制。⑤ 罗昕、张梦聚焦计算宣传对政治活动的负面影响，提出了计算宣传的治理应从以国家政府为中心的方式转向多

---

① 师文，陈昌凤. 分布与互动模式：社交机器人操纵 Twitter 上的中国议题研究 [J]. 国际新闻界，2020（5）：61-80.

② 师文，陈昌凤. 社交机器人在新闻扩散中的角色和行为模式研究：基于《纽约时报》"修例"风波报道在 Twitter 上扩散的分析 [J]. 新闻与传播研究，2020（5）：5.

③ 张洪忠，赵蓓，石韦颖. 社交机器人在 Twitter 参与中美贸易谈判议题的行为分析 [J]. 新闻界，2020（2）：46.

④ 何苑，赵蓓. 社交机器人对娱乐传播生态的操纵机制研究 [J]. 西南民族大学学报（人文社会科学版），2021（5）：167.

⑤ 张洪忠，段泽宁，杨慧芸. 政治机器人在社交媒体空间的舆论干预分析 [J]. 新闻界，2019（9）：17-24.

主体共存的全球治理模式，实现政府、机构、企业与公民的共同参与。①
计算宣传在实践上通常都是以恶意操纵的社交机器人为实现形式，该研究
对于社交机器人的治理也有所启发。第二类是立足全局视角探究对社交机
器人的治理路径。高山冰、汪婧系统论述了社交机器人的兴起历程和带来
的五类负面影响，最后在反思环节提出了前置预防和平台担责并举的治理
理念，但其焦点在于探究社交机器人的负面效应，未重点论述对于社交机
器人的治理实践和具体措施。罗斌认为社交平台对于社交机器人所传播的
信息应承担内容审查的义务，具体标准的制订应参考专业新闻传播机构。②
郭倩总结了智能传播与人机互动深化发展的社交媒体智能化现状，分析了
其正负影响，并提出了捍卫人的主体性、多方参与协同治理的治理对策。③
柯泽、谭诗好针对人工智能媒介扭曲高拟真的拟态环境对现实的扭曲问
题，警示平衡工具理性与价值理性，防范商业诱导和去伪存真，回归社会
实践的应对策略。④ 郑晨予和范红两位学者借助社会传染理论对社交机器
人的扩散机制进行揭示，提出了五个治理提示，探索了着眼于扩散过程对
其治理的新方法和新路径。但也正如作者所言，其治理方案是提示性的、
原则性的，对于具体的治理实践还需要有更多深入的探讨研究。⑤

在这一研究领域，研发设计社交机器人检测技术是治理工作的重要方
面。此类研究主要来自计算机学科，实践性和应用性较强。以往有关社交

---

① 罗昕，张梦．西方计算宣传的运作机制与全球治理［J］．新闻记者，2019（10）：
63．

② 罗斌．新闻传播注意义务标准研究：《民法典（草案）》第八百零六条的意义与问
题［J］．当代传播，2019（5）：86．

③ 郭倩．社交媒体智能化的现状、影响与对策研究［J］．出版发行研究，2019（6）：
55-62．

④ 柯泽，谭诗好．人工智能媒介拟态环境的变化及其受众影响［J］．学术界，2020
（7）：58-59．

⑤ 郑晨予，范红．从社会传染到社会扩散：社交机器人的社会扩散传播机制研究［J］．
新闻界，2020（3）：62．

机器人检测技术的文献中，还未有学者正式提出"社交机器人"这一概念，而是将其称作"机器用户"或是"微博机器人"等。曲铭在《微博机器人检测技术的研究与实现》一文中，立足于之前关于微博机器人检测技术的相关成果，提出了基于增量式机器学习的微博机器人检测技术。同时，面向 Twitter 和新浪微博平台使用。① 林永成运用了"相关系数"及"非奇异矩阵的线性方程组求解"等知识对微博"僵尸粉"数据进行分析总结，推算出甄别算法，以 PHP 为编程语言基础开发甄别应用。② 另外，刘蓉、陈波等对社交机器人检测技术的重要梳理，整理分析了目前对恶意社交机器人检测特征和检测方法，剖析了几类方法在检测准确率、计算代价等方面的局限性，最后还提出了一套基于并行优化机器学习方法的恶意社交机器人检测方法。③ 总结来看，现今针对社交机器人的检测方法主要有基于图的社交机器人检测方法、基于众包党的社交机器人检测方法和基于机器学习的社交机器人检测方法。

第五，关注对人体的心理治疗和引导的作用。这部分社交机器人的研究主要集中于医学和计算机领域。杨思源、郭丽敏等④人运用 RevMan5.3 软件对筛选后的文献成果进行 Meta 统计学分析并进行对照实验，证明老年人心理健康产生的积极治疗效果可以由社交机器人辅助实现。⑤ 张议丹、赵晨静等对社交机器人在孤独症谱系障碍儿童照护中的干预方式、应用效

---

① 曲铭. 微博机器人检测技术的研究与实现 [D]. 长沙：国防科学技术大学，2014：2.

② 林永成. 社交网络机器用户甄别技术研究与应用 [D]. 长春：吉林大学，2013：15.

③ 刘蓉，陈波，于泠，等. 恶意社交机器人检测技术研究 [J]. 通信学报，2017 (S2)：197-210.

④ 杨思源，郭丽敏，等. 社交机器人干预对老年人心理健康影响的 Meta 分析 [J]. 中国老年学杂志，2020 (18)：3919-3923.

⑤ 张议丹，赵晨静，等. 社交机器人在孤独症谱系障碍儿童照护中的应用进展 [J]. 护理学杂志，2020 (15)：107-110.

果等进行了系统综述，并分析其中存在的问题。① 但需要说明的是，此类研究中所指的社交机器人并非严格意义上的只存在于社交网络中"无形"的机器人，而是包括有形的被用于社会交往和沟通的广义上的社交机器人。

二、总结与思考

综上不难发现，社交机器人作为一个新兴的研究领域，已经形成了一定的研究力量，呈现多学科、跨学科性。社交机器人带来的风险已经切实影响到了人们的现实生活，对社交机器人应用中的失范现象进行研究有重要的学术价值和现实意义。研究方向上，国内外目前的研究方向并没有大的差别。国外的研究早已开始，因此无论是研究成果数量上还是深度上，国外都遥遥领先。国内的研究刚刚开始，受制于平台壁垒、技术壁垒和网络壁垒，研究较少且集中，缺少本土语境的进展材料。综合社交机器人目前的研究进展，未来依然有不少问题需要继续探索。

首先，现有的研究多是以推特上的社交机器人为研究对象，其他社交媒体上的机器人是否存在差异性尚未可知。其次，社交机器人所涉及的伦理问题大多延续了传统新闻伦理研究的路径，缺少与其他学科的对话，缺乏理论抽象导向性研究视角。再次，相关研究缺少本土语境最新的进展材料，对中国式问题的特殊性缺乏关注与思考。最后，国内学者特别是传播学领域内对社交机器人的关注与日俱增，但对社交机器人的伦理规范及治理实践方面的研究较少，尚未形成可供参考的细分领域。研究视角大多注重学理性，停留在理论层面而未与实际治理政策或实践相结合进行分析，宏观上对各国治理模式和政策实践的分析和梳理尚属空白。这一点也正是

---

① 张议丹，赵晨静，等. 社交机器人在孤独症谱系障碍儿童照护中的应用进展 [J]. 护理学杂志，2020（15）：107-110.

本研究想要去解决的主要问题。

此外，围绕未来社交机器人的研究，我们还可以深入探究两个问题。

第一，社交机器人是否"生来罪恶"？纵观国内国外的研究成果，有一个明显的情感去向，就是大量的研究是关于政治机器人对政治的影响和干扰方面。作为一个新的事物，从出生开始，在国内外的研究上聚焦的都是负面信息，如阻碍公平竞争、误导粉丝和破坏社交网络等。所以社交机器人真的是"生来罪恶"，还是在技术应用上我们忽略了它在更多方面的应用可能。针对社交机器人的应用问题，国内已经有学者开始研究用社交机器人代替真人实验的可能性。事实上，真实的人在真实社交网络的实验准入门槛较高，模拟的人在模拟社交网络做实验门槛最低，但是真实性有待商榷。在健康传播领域，也有用真实的人在模拟社交网络做实验的先例。而用模拟的人在真实的网络做实验领域还存在空白。因此，研究者利用社交机器人设计了一个关于"脑残粉养成"的实验。

第二，如何去理解"人与机器"共同组成的复杂系统。社会，不再是由"人"组成的复杂系统，而是由"人与机器"共同组成的复杂系统。正如张洪忠对社交机器人"异类还是共生"的讨论上，社交媒体的生态正在从完全由"人"主导变为"人+社交机器人"的共生状态，社交机器人已经成为社交媒体的一个有机组成部分，"人+社交机器人"正成为传播学中一个新的研究领域。从研究和应用中我们发现，社交机器人的"类人性"和"仿真性"就显示出它的设计目的并非只是简单的工具，而是希望影响社会系统。因此，在未来的研究中，针对社交机器人的研究可以更多地着眼"生态"这一角度，引入更多的研究范式。

第二章

社交机器人与传播生态重塑

社交机器人（Socialbot）由单词"Social"和"Bot"合成，字面意义是带社交属性的机器人，近年来作为社交网络中的一种新现象受到关注。社交机器人的定义最早由博瑟姆在 2011 年提出：一种在线社交网络中自主运行社交账号，并有能力自动发送消息，进行好友申请的智能程序。[①] 那时已经有学者注意到社交网络中存在"伪账户"，这些"伪账户"拥有个人 ID 和头像，个人简介中有详细的信息，能自动生产发布内容，能对其他账户发布的内容进行点赞、评论、转发操作，甚至能和真人用户进行交流互动。2012 年的一项研究发现，10.5% 的 twitter 账户是机器人，另有36.2%是机器人辅助的人类。[②] 如今，Twitter、微博、微信、QQ 上充斥着社交机器人发布的信息，社交机器人被广泛应用于企业、政府、医疗、教育等行业，有关社交机器人的定义也在不断更新，但在算法驱动、自动生产内容、模拟人类、与人互动等方面达成了共识。

① YAZAN BOSHMAF, LLDAR MUSLUKHOV, KONSTANTIN BEZNOSOV, et al. The socialbot network: when bots socialize for fame and money [C]. Proceedings of the 27th annual computer security applications conference. ACM, 2011: 93.
② ZI CHU, STEVEN GIANVECCHIO, HAINING WANG, et al. Detecting Automation of Twitter Accounts: Are You a Human, Bot, or Cyborg? [J]. IEEE Transactions on Dependable and Secure Computing, 2012, 9 (6): 811-824.

第一节　社交机器人运行机理及特征

社交机器人作为计算机时代的产物，其发展历史并不长，真正意义上的自动化社交机器人在近十年随着人工智能技术的发展而出现，并经历了一定的演进和发展过程。作为人工智能技术所催生的新事物，人们对社交机器人的认知也呈现出螺旋式上升的态势。

一、社交机器人基本类型

事实上，社交机器人的内涵可以从广义和狭义两个角度去理解。广义上的社交机器人（social robot）是指一切可与人进行社会性交流活动的自动化程序或实体机器人，既包括我们手机里的语音助手、平台客服机器人，也包括拥有实体的聊天陪伴机器人，如养老机器人和婴儿照看机器人等。有学者将社交机器人定义为"能与人类交流互动的自主性机器人"①。涉及医疗健康、情感陪护、人机交往等领域的研究大多采取了这种较为宽泛的定义。

狭义的社交机器人（social bot）则专指在线社交网络中模拟人类用户，自主运行、自动生产发布内容的算法智能体。② 瓦格纳等人认为社交媒体机器人是自动或半自动计算机程序。③ 艾米利奥·费拉拉将社交机器人定

---

① 王亮. 基于情境体验的社交机器人伦理：从"欺骗"到"向善"［J］. 自然辩证法研究，2021（10）：55.
② 高山冰，汪婧. 智能传播时代社交机器人的兴起、挑战与反思［J］. 现代传播（中国传媒大学学报），2020（11）：8.
③ WAGNER C, MITTER S, KÖ RNER C, et al. When social bots attack：modeling susceptibility of users in online social networks［C］//Making Sense of Microposts，2012：42.

义为"可以在社交媒体上自动生成内容并模仿人类用户表现甚至试图影响人类观念、改变人类行为的计算机算法"①。罗伯特的定义更为细致："社交机器人是一种在社交网站上从事人类内容生产活动的智能程序，它们通过模仿社交网络中的真实用户来习得类人化行为能力。社交机器人同样可以分享照片，更新状态，与其他社交平台用户进行自动化交流对话和行为互动，比如能够自动发送和接受好友请求。社交机器人被设计和投放的目的各不相同，但其中常常包括促进在线互动和人类用户的网络社交。"②

张洪忠、段泽宁、韩秀从传播学角度认为，社交机器人是在社交网络中扮演人的身份，拥有不同程度人格属性，与人进行互动的虚拟 AI 形象。③ 郑晨予、范红从社交机器人的驱动角度认为，社交机器人是指在社交媒体中，由人类操控者设置的，由自动化的算法程序操控的社交媒体账号集群。其通常通过模仿、模拟人类在社交媒体中的状态和行为，伪装成正常用户，有组织地与正常用户交互，以达到依照人类操纵者的意图影响目标受众的目的。④

社交机器人是计算机、互联网技术和人类社会发展到一定阶段的产物，与现实中的机器人相比，狭义的社交机器人并没有实体，只是存在于计算机网络中的一段自动化程序。安德烈亚斯·赫普将社交机器人概念统合到了通信机器人（communicative robots）的范畴之中，他将通信机器人分为人工智能陪伴（artificial companions）、社交机器人（social bots）和工

---

① FERRARA E，VAROL O，DAVIS C，et al. The rise of social bots［J］. Communications of the ACM，2016，59（7）：96.

② ROBERT W G，MARIA BAKARDJIEVA. Socialbots and Their Friends：Digital Media and the Automation of Sociality［M］. London：Routledge，2016：2.

③ 张洪忠，段泽宁，韩秀. 异类还是共生：社交媒体中的社交机器人研究路径探讨［J］. 新闻界，2019（2）：12.

④ 郑晨予，范红. 从社会传染到社会扩散：社交机器人的社会扩散传播机制研究［J］. 新闻界，2020（3）：51-62.

作机器人（work bots）。① Marechal 从功能角度将当前的社交机器人分为四类：恶意僵尸网络（malicious botnets）、调研机器人（research bots）、编辑机器人（editing bots）和聊天机器人（chat bots）。② 默塞特等学者根据真实人类和社交机器人的关系把社交机器人划分为两种：一是机器辅助真实人类，通过预先编写、设定程序高效、自动化执行相应操作服务真实人类，比如，英国广播公司的气象预报机器人、微软公司的虚拟伴侣机器人；二是真实人类辅助机器，与真实人类相互协作共同完成相应任务，多用于实现负面目的，如操纵社交媒体用户舆论的社交机器人。这类社交机器人通过特定程序、算法模仿真实用户的在线社交互动交流，进行发布、转载和评论等互动行为，本质上只是为实现特定目的的计算机程序代码。

随着社交机器人应用的不断发展，目前社交机器人之间逐渐可以相互关联从而形成类似真实用户的社交网络。具体分为以下四种类型：一是僵尸账号，社交机器人账号的主要类型，旨在通过计算机算法软件操纵虚拟账号进行社交互动从而模拟真实用户行为，实现舆论操纵、传播虚假信息等目的；二是 Sybil 账号，最早是用来表示 P2P 等分布式网络中的虚拟账号，目前主要表示社交媒体网络中攻击者机器人账号；三是 Spam 账号，指目前社交媒体平台中的恶意行为社交机器人，这些行为主要包括恶意互粉或添加好友等行为；四是 Compromised 账号，一般是指现实用户的账号被盗后用于不法目的的社交机器人。

基于以上表述，虽然当前学界对于社交机器人的定义表述不尽相同，

---

① HEPP A. Artificial companions, social bots and work bots: Communicative robots as research objects of media and communication studies [J]. Media, Culture & Society, 2020, 42 (7-8): 1410.

② MARECHAL N. When Bots Tweet: Toward a Normative Framework for Bots on Social Networking Sites [J]. International Journal of Communication, 2016, 10 (10): 5022-5031.

但其内涵基本达成一致，关键词均指向"自动化"和"拟人性"，以及与人交互的特性。需要说明的是，本书中的研究对象如未特别标注则专指狭义社交机器人。

二、社交机器人运行原理

早期的社交机器人应用是随着各种电子论坛的出现而逐渐兴起。这一时期的社交机器人运行原理较为简单，具体功能、目的也很单一，主要是为了获得更多用户的关注、浏览，从而提高自身的影响力。制作者首先大量注册账号，然后通过编写自动化脚本程序控制这些账号进行大量发帖，其中比较典型的是"发帖机"。发帖机可以对特定文章进行大量发布、转发，并且能够通过添加热门话题、超链接等方式吸引大量真实用户浏览相关内容。此类社交机器人只能依赖于背后隐藏的控制者来发布相关内容，通过大量、自动化地发布文章吸引流量，比较常见的方式是以"#+话题"的格式进行文章发布。但是发布的内容较为简单，机器人自动生成特征明显。社交媒体平台后台检测算法能够准确有效地识别出这些账号。随着相同内容的大量重复出现，来自真实用户的流量也会迅速降低。

随着计算机技术的快速发展，特别是人工智能、深度学习等技术的兴起，社交机器人获得了新的发展。依凭相关数据的计算挖掘使得大部分软件工具越来越"智能"，社交媒体平台用户发帖、评论、点赞和关注等行为数据也呈现明显的爆发式增长态势，这些数据的产生为社交机器人的发展进化奠定了基础。现阶段社交机器人的运作机理主要是对海量社交媒体平台用户数据进行计算模型训练，从而有效模拟真实社交媒体平台用户行为。与初期相比，新型社交机器人更加智能化、拟人化，功能更加多样化、更加难以检测和识别。除了可以实现重复发帖、大批量投放广告等功能，还能够自动抓取特定真实用户的头像、基本信息和发布内容等社交媒体数据进而实现伪造、盗窃真实用户身份，进而达到爬取真实用户隐私信息和舆论操纵等目的。

从近年来具体的社交机器人控制方法的变化来看，主要从单控向群控变化；从控制端口来看，主要从电脑端向电脑、移动端相结合变化。早期的社交机器人，由于当时社交媒体平台主要通过电脑网站登录，因此控制方式以电脑端口为主。随着移动通信技术的发展，手机逐渐普及，社交媒体平台移动端 APP 受到用户的广泛使用，由此通过电脑控制多部手机（即电脑、手机端相结合）控制社交机器人成为发展阶段的主要方式。电脑与手机端相结合的方式，一方面能够有效欺骗社交媒体平台的社交机器人监测机制；另一方面也可以发挥社交机器人的智能化功能。特别是近年来，随着云计算等技术的发展，"云控"方法逐渐成为目前社交机器人控制的主要手段之一。该方法是将电脑、手机端控制方法与云服务器技术相结合的产物，主要运作机制是由电脑、手机等发送信息到云服务器，然后通过云服务器将相应信息发送到控制社交机器人的手机集群，然后进行相应的发帖、转载和评论等操作。由于云服务器具有传输效率高、存储空间大等特点，能够有效提高社交机器人的工作效率。因此，云控方法广泛被应用在不同社交媒体平台。比如，在 QQ 和微信中可以进行广告营销、增加粉丝数量等；在花椒、映客等社交媒体平台可以进行特定主播的点赞、评论和关注等操作，从而提高其关注度；在陌陌等社交媒体平台可以实现发动态、自动回复消息和关注等操作。

在实际应用中，当一些重大事件发生时，大量社交机器人由特定商业公司有组织、有计划地进行操控。当事件结束之后，这些被商业化操纵的社交机器人一般都会清除所有之前发布的文章、评论和内容，修改个人相关信息以新的身份活跃于社交媒体平台。例如，研究发现，"马克龙泄密"事件中出现了大量社交机器人以及发布的虚假信息，这些社交机器人被发现在之前美国总统大选中也曾有组织的出现，在一定程度上说明这些恶意社交机器人被商业化操纵，能够在不同事件中进行重复使用达到操纵舆论、传播虚假信息等目的。① 研究发现，社交机器人商业化操纵的相关事件在不断增加。② 2019 年 10 月，Devumi 公司因业务涉及网络黑灰产，欧盟委员会宣布对 Devumi 公司采取执法行动。据调查发现，该公司长期利用社交媒体机器人伪装浏览量、伪造账户订阅用户、伪装点赞数以及扭曲社交媒体真实评价。投诉显示，许多网络用户经常在 Devumi 运营的网站上为他们的社交媒体账户购买虚假影响力指标（fake indicators of influence）。Devumi 公司已经向超过 58000 个账户卖过 Twitter 粉丝，订单购买者包括演员、运动员、励志演说家、律师事务所合伙人和投资专业人士等。同时，Devumi 公司曾 4000 多次向 YouTube 频道运营者出售虚假用户，32000 多次为上传个人视频的用户出售了虚假浏览量，用于夸大视频的影响度。例如，某些音乐创作人试图夸大他们歌曲的受众人数和喜爱度，从而找 Devumi 公司购买相应的虚假影响力指标。除此之外，Devumi 公司还曾 800 多次面向营销公关公司、金融服务和投资公司以及其他商界人士出售订单，用于帮助他们夸大相应职业影响力。

概括来说，初期社交机器人功能单一，主要通过编写自动化脚本程序控制特定账号进行大量发布指定主题的内容、帖子，而且在活动时间上和真实用户并不一致；现阶段，社交机器人变得功能更加多样化、操作更加智能化，在活动时间上与真实用户相似，并不固定于特定时间，而且可以参与评论等社交媒体互动交流活动，从发布的内容到行为模式趋向现实用户。同时，也变得越来越难以检测和过滤。

---

① FERRARA E. Disinformation and social bot operations in the run up to the 2017 French presidential election [J]. First Monday, 2017, 22（8）.

② JUURVEE I, SAZONOV V, PARPPEI K, et al. Falsification of history as a tool of influence [M]. Latvia: NATO Strategic Communications Centre of Excellence, 2020: 56-71.

三、社交机器人典型特征

社交机器人已具备多重区别于其他一般算法程序的特征和属性，这也是其区别于一般算法程序与广泛意义上社交机器人的要点所在。

（一）非具身性

社交机器人存在于网络空间之中，本质是数据集合的算法程序，不依赖实体而存在。因此，社交机器人不同于具身性的陪护型实体机器人，本身不具有形象，且社交平台上的虚拟人格塑造大多也较为缺失，众多机器人配置文件通常缺少基本的账户信息，例如姓名或个人资料图片。① 社交机器人的功能实现只需要通过网络操作即可完成，其社交互动行为包括但不限于点赞、转发、评论、自动发布内容等。普通用户从前端网站获得访问权限，而机器人通过网站的应用程序编程接口（API）获得访问权限。② 当然，值得注意的是，非具身性的背后设计者和操纵者还是现实中的人类主体。

（二）拟人化特征

社交机器人作为"机器人"的属性是在于其可以模仿人类的行为特征，且在一定程度上已经达到了"以假乱真"的效果。斯坦福大学研究者曾设计了一组对照实验，比较人类与现实用户聊天和与机器人聊天的行为差异。结果表明，交流过程中的情感性表露比事实性表露的效果更显著，

① STIEGLITZ S, BRACHTEN F, BERTHELÉ D, et al. Do social bots（still）act different to humans? −comparing metrics of social bots with those of humans［C］//International conference on social computing and social media. Springer, Cham, 2017：381.

② HOWARD P N, KOLLANYI B. Bots, # StrongerIn, and# Brexit：computational propaganda during the UK−EU referendum［J］. Available at SSRN 2798311, 2016：2.

且社交机器人与真实用户二者间的实验结果高度相似。这一研究的一个潜在结论是通过各种技术手段加持，社交机器人可以与人类展开真实性互动，且二者间的效果相差无几。

社交机器人可以模拟真人用户的点击、转发、评论等行为。以现实事件为例，Twitter 平台上曾出现一名拥有 70000 名粉丝的詹娜·艾布拉姆斯，其通过照片信息介绍将自己打造成为一名 35 岁左右的女性，且因其排外和极右的频繁意见表达被《纽约时报》等主流媒体引用，也收获一批拥趸。然而，在运行三年后，*The Daily Beast* 披露它是一个由俄罗斯政府资助的联网研究机构控制的社交机器人，而不是活生生的人。

（三）群体性运作

当前，社交机器人的数量众多，通常是被"巨魔农场"批量生产，由此带来大规模运作攻击的群体性行为。基于此，社交机器人可以对个人网络实行虚假身份攻击，通过创建多个虚假身份（Sybils）进行攻击，以不公平的方式增加目标社区内的权力和影响力。在 2016 年英国脱欧公投期间，有学者检测出了一个由 13493 个 Twitter 账户组成的机器人网络，该网络多次发表支持脱欧的观点，参与民意讨论，从而在一定程度上影响了公投结果。① 研究显示，公投中不到 1% 的抽样账户产生了接近三分之一的信息，经证明其中大部分为社交机器人，② 如此大规模的信息生产来源于机器人数据集的群体运作。研究表明，机器人发声的目的不是创造某种观点，而是通过批量信息生产让某种观点变得引人瞩目或者通过关注特定话

---

① BASTOS M T, MERCEA D. The Brexit botnet and user‐generated hyperpartisan news [J]. Social science computer review, 2019, 37（1）: 51-52.

② HOWARD P N, KOLLANYI B. Bots, # strongerin, and# brexit: Computational propaganda during the uk‐eu referendum [J]. Available at SSRN 2798311, 2016: 1.

题模糊视线。① 当前，真正可以类似于詹娜·艾布拉姆斯充当意见领袖的社交机器人仍属少数，大多数还是类似于水军似的群体性发声。微博平台"2019 北京园艺博览会"的相关话题中，很多机器人在转发同微博时频繁使用表情包"赞""不错""支持""太喜欢了"等重复性文案，社交机器人的群体性行为也带来了内容的同质化。

第二节　社交机器人重构传播生态

社交机器人虽然被称为"机器人"，但是和过去概念中的机器人大有不同，它抛弃了传统智能机器人笨重的"身体"，以虚拟形象徜徉在社交网络中。它能模仿真人用户在网络中的行为模式进行社交，进行对话、关注、点赞、评论、转发等操作，人们很难将其与真人用户分辨开。社交机器人的出现，对原本的社交网络传播生态造成巨大冲击，社交网络生态从过去的以人为主导变成了"人机共生"的状态。②

一、传播中介进化为传播主体

过去，计算机在人与人之间的传播中一直起着辅助、介导的作用，这种"人—机—人"的传播模式就是计算机辅助传播（Computer-Mediated Communication），简称 CMC，其中计算机作为一种传播渠道和工具，连接处于不同位置的两方，方便双方进行数据、信息的交换。而社交机器人参与传播使这种模式发生了改变，计算机不再是被边缘化的工具，它成了独

---

① 卢林艳，李媛媛，卢功靖，等. 社交机器人驱动的计算宣传：社交机器人识别及其行为特征分析［J］. 中国传媒大学学报（自然科学版），2021（2）：42.
② 张洪忠，段泽宁，韩秀. 异类还是共生：社交媒体中的社交机器人研究路径探讨［J］. 新闻界，2019（2）：15.

立的传播主体，在传播过程中拥有了和人类一样的地位，计算机辅助传播发展成了人机传播，传播生态格局就此被改变。

在社交机器人尚未出现时，计算机作为一种传播中介辅助人们进行交流。计算机辅助传播（CMC）又称计算机中介传播，指的是通过计算机进行的人与人之间的交流。即时消息、电子邮件、聊天室、在线论坛、社交平台等都是计算机中介传播的类型。印第安纳大学的苏珊·赫琳将 CMC 模式按出现时间分为了九个类型，分别是电子邮件、列表服务器、Usenet、分屏对话协议（对话、通话、ICQ）、聊天室、私人聊天、多用户空间（MUD）、万维网、基于音频和视频的 CMC 和虚拟现实环境。① CMC 模式按交互时间点可分为同步 CMC 和异步 CMC，同步、异步主要以用户是否在同一时间点进行交互为区别。同步 CMC 即一方发出消息，另一方马上回复；而异步 CMC 则是一方发出消息后，需要等待一段时间才会得到另一方的回应，电子邮件和列表服务器就是典型的异步 CMC。按照用户间交互方式的不同，CMC 还可以分为基于文本的、基于口语的和基于音视频的CMC 等。

由于有了计算机这一强大的工具作为传播渠道，CMC 相比于之前的人际传播优势显著，主要体现在其多向性、匿名性、超文本链接、自动记录这几个特点上。多向性指的是 CMC 既能实现一对一传播，也能实现一对多的传播。比如电子邮件既可以单独发送给一个对象，也可以通过抄送和群发实现一对多传播。网络的出现使人们得以隐匿自己的身份。藏身屏幕之后，以虚拟化身在网络社区进行互动交流。随着 CMC 类型的不断进化，匿名性逐渐增强。最早出现的电子邮件，因为包含"收件人""发件人""主题""路径选择"等必填项，加上正式场合的电子邮件要有问候语、结束语、签名等内

---

① HERRING S C. Computer-mediated communication on the Internet［J］. Annual Review of Information Science and Technology, 2002, 36（1）: 3.

容，会暴露一个人的书写习惯，这些功能会揭露发送人和接收人的个人信息，从而使电子邮件相较于其他基于文本的 CMC 模式具有更弱的匿名性。超文本链接将大量不同文本集中于一个页面，用户通过点击就能访问自己需要的内容，极大地方便了人们在互联网发布信息。自动记录的功能让用户之间交流互动的数据信息得以自动保存，用户可在需要时随时访问。CMC 的这些特性在社交媒体时代看似平平无奇，但是在互联网刚刚开始商用的时候，CMC 给人际传播、大众传播带来的变化是颠覆性的。当然也造成了一些不良的社会影响，CMC 的匿名性会让用户失去责任感，发表不负责任的言论，或是利用假身份进行欺骗；长期借助计算机进行交流会降低人的语言表达能力，使语言表达同质化；过分依赖 CMC 还会让用户渐渐放弃离线社交，现实中的社交关系逐渐疏远。

CMC 盛行的前智能时代，人们与计算机交互时并没有将其作为与自己平等的传播对象，人机交互的最终目的是更好地与其他人交流。计算机作为技术，是人与人间交流的渠道，是人身体的延伸。人机交互主要是直线式的刺激—反应模式，人类单方面向计算机发出命令，计算机执行指令，计算机在这种互动关系中完全处于被动的状态。

在社交机器人正式出现之前，互联网上就有了一批"网络机器人"，他们更多的被称作自动化软件代理，是今天社交机器人的早期雏形。早期的网络机器人出现在 IRC 网络，IRC（Internet Relay Chat）是一种基于互联网的地理分布式聊天服务，现在仍然被当做多服务器的本文工具使用。IRC 网络是由多个联合服务器组成的集合，用户可以集中创建面向主题的频道。① 机器人属于 IRC 网络中的非人类参与者，被赋予了一些社交特质，比如互动、交流、服从、抵抗、执行规则等。IRC 机器人出现后受到了用

---

① GEHL R, BAKARDJIEVA M. Socialbots and their friends: digital media and the automation of sociality [M]. London: Routledge, 2016: 47.

户的热烈欢迎，20世纪90年代中期IRC机器人开始盛行，到1996年数量达到顶峰，类型包括游戏机器人、聊天机器人和战争机器人（用于对抗其他机器人）。这些自动代理程序由用户编写，能为人类提供更灵活的服务，人类在与其互动中能感受到愉悦满足。IRC机器人虽然还不能作为完全的传播主体，但已经不能再把其当做单一属性的工具看待。

社交机器人的出现，使机器从传播媒介变成了信源或信宿，突破了原来的工具属性，有了和人类平等的传播主体地位，这无疑是一次对"人类中心主义"的反击，计算机辅助传播的概念得以刷新。英国兰开斯特大学人类学教授苏奇曼·露西提出"人机传播（Human—Machine Communication）"的概念，即真实人类与智能体之间的传播活动。① 2016年国际传播学会会后举行了一场名为"与机器交流：数字交谈者正在我们生活中崛起"的会议，会议重点关注通过人机交互培育的人工实体（智能机器）的力量，人机传播正式被学界承认。② 社交机器人作为人机传播中的传播主体，其主体性首先体现在它能自动生产发布内容，成为和人类一样的"数字劳工"。2009年，市场咨询服务公司Sysomos对Twitter上活跃用户的数据进行了分析，发现由最活跃Twitter用户发出的推文中，其中32%的内容是机器人账户发出的，这些账户平均每天更新150条以上的推文。2018年，Distil Networks公司发布了一份《2018恶意机器流量报告》，数据显示2017年42.2%的互联网流量由机器产生，其中良性机器产生的流量占20.4%，而恶意机器产生的流量占21.8%，中国的恶意机器产生的流量迅速上涨，排名已达全球第二，仅次美国。这些社交机器人强大的信息生产能力不容小觑，它们被用于发布天气、新闻等公共信息，或被用来对网页

---

① SUCHMAN, LUCY. Human-machine reconfigurations: Plans and situated actions [M]. Cambridge: Cambridge University Press, 2007: 125.

② 牟怡，许坤. 什么是人机传播？：一个新兴传播学领域之国际视域考察 [J]. 江淮论坛，2018（2）：149.

信息进行编辑修改，取代人工劳动，节省人力资源。但是也会被一些不法分子盯上，让社交机器人充当"机器人水军"，影响煽动网络舆论，成为一股难以管控的"网络恶势力"。除了能自动生产内容，社交机器人还可以与其他网络用户进行社交互动，比如自动访问用户主页，点赞、转发、评论他人发布内容等。能与人类平等对话是社交机器人成为传播主体的重要因素之一，以微软小冰为代表的聊天机器人最能体现这一特点。微软小冰是微软（亚洲）互联网工程院于2014年推出的聊天机器人系统，官方设定是一位16岁的可爱少女，用户只需在小冰入驻的平台对其进行呼唤，就可以与它进行对话。小冰支持文字、语音、图像的多感官交流，能和用户进行猜谜、占星、对诗词的游戏。小冰和人类进行单次连续对话的最高纪录达7151轮，时长29小时33分钟。如果不是因为小冰获取了人类的充分信任，用户很难坚持和一个机器人聊天近30个小时。人类用户在与小冰这类聊天机器人进行交流的时候，不自觉将其放在了与自己对等的地位，双方不断在传播者和受传者的身份间切换，人类用户关注着自己对小冰的传播效果，好奇小冰每一次会做出怎样的反馈。无论是自主生产发布内容，还是和其他人进行对话交流，这些活动过去都是由传播活动中的主导者人类完成的，社交机器人正是因为实现了对人类行为的高度模仿，让人无法发觉其作为"异类"的异样，所以在网络世界被看成了和人类一样的传播主体，改变了社交网络生态以人为主导的局面。

二、从"媒介是人的延伸"到"媒介是人"

传播媒介经历了口语、文字、印刷、电子传播等不同阶段，每一阶段其功能都超越甚至颠覆了过往的媒介技术。根据媒介技术形态的演变，麦克卢汉（Marshall Meluhan）提出了著名的"媒介延伸论"。媒介可以作为人体的一项辅助器官，延伸人身体的部分功能。如报纸的出现是对人视觉的延伸，广播的出现是对人听觉的延伸，电视的出现则是对人视听的延伸。传统媒体的传播仅仅是一种单向传播，即"机→人"。随着互联网的出现和发展，依托于此的各类移动终端成了继传统媒介之后的"新媒介技术"，互联网时代下的传播是双向的传播，从"机→人"变成"人机互动"。而依托互联网的种种新媒介也不只是对人体某一特定感官的延伸，而是从传统媒介视听觉广度延伸的"综合"走向深度延伸的"融合"。①媒介技术形态演变至此，始终未脱离"对人部分功能进行放大"的特点。而社交机器人出现后，"媒介延伸论"已不足以概括这一媒介技术形态的特点，因为社交机器人不仅是对人某些感官和肢体的延伸，作为传播主体之一，社交机器人的各项功能都接近于作为核心传播主体的人，是对人体各种细节进行全方位的放大，用"媒介是人"概括更为合适。

智能传播时代，社交机器人作为独立传播主体与人进行互动，过往机械的人机互动转变为了更具情感和智慧的人机传播。人机传播过程中，社交机器人承担了和人类相同的角色，能替代人类的大部分功能。借助文字和语音与人进行交流，社交机器人能帮助人类读新闻、听广播、看电视、和人进行网络社交，对人的衣食住行、教育、医疗等提供服务，延伸人的五感四肢功能，承担过去由人工完成的各项工作，把人从这些体力、脑力劳动中解放出来。除去以往媒介都有的对人身体的延伸，社交机器人更显著的特征是对"主体意识"的延伸放大。社交机器人会逐渐具备理性和感性认识能力，能替代人类进行部分情感劳动，成为人的交往对象。而人在与之交往的过程中，各项感官、思维、情绪也得到充分调动，"主体意识"进一步延伸。

社交机器人之所以能延伸人的"主体意识"，原因在于现今的"情感

---

① 林升梁，叶立. 人机·交往·重塑：作为"第六媒介"的智能机器人［J］. 新闻与
   传播研究，2019（10）：88.

计算"技术赋予了其情感劳动能力，使其突破了过去媒介的工具属性。美国 MIT 媒体实验室的罗莎琳·皮卡德指出，情感计算就是针对人类的外在表现，能够进行测量和分析并能对情感施加影响的计算。情感计算是一门融合了多种学科知识的研究，涉及计算机学、数学、认知科学、心理学、社会学、哲学等方面。目前关于情感计算的研究主要涉及三个方面：情感识别、情感表达、情感决策。情感识别指让计算机能准确理解人类的情感状态，读懂人类喜、恶、惊、惧、怒、哀等不同的情绪；情感表达指计算机能通过不同的方式（文字、语音、肢体动作等）将人类的情感表现出来；情感决策指计算机在情感的指引下做出合理的决策。具体到社交机器人的情感计算，主要包括自然语言理解和类人语言生成表达两个工作模块。如"微软小冰"，小冰背靠海量大数据，这些数据有些是连接到互联网获取的，有些是在和用户的交互中获得的，海量数据为小冰的情感计算提供了基础。小冰采用微软亚洲研究院开发的深度卷积神经网络（CNN）的计算机视觉算法系统，能快速识别文本、语音、图片背后的情感，并对这种情感进行适当的回复。比如发给小冰一张脚受伤的图片，它能识别出脚受伤代表着痛苦，并回复："伤得这么重，痛不痛？"总体而言，情感计算的目的在于使社交机器人等人工智能在保持高水平 IQ 的同时，不断提升 EQ，提升自己对人的共情能力，情绪表达能力。随着情感计算的相关研究不断取得突破性进展，未来的社交机器人在语义理解、对话的一致性、交互性方面都会有显著进步。媒介技术形态逐渐由服务型互动走向情感型交往，媒介技术演变的表征也从"媒介是人的延伸"往"媒介是人"的方向演进。①

---

① 林升梁，叶立. 人机·交往·重塑：作为"第六媒介"的智能机器人［J］. 新闻与传播研究，2019（10）：90.

三、驱动人类社交关系重构

相比于单纯为人类提供辅助性服务的计算机程序，社交机器人因其功能性、社交性、中介性拥有了改变整个网络社交生态的能力。① 它从过去人机交互中的传播中介进化为传播主体，并拥有了进行"情感劳动"的能力。由于社交机器人能作为独立主体参与人类社交，被人类作为真实的交往对象，就会对人的社交关系产生直接作用，包括获取人们的网络社交关系、影响用户的社交选择、促进人类线上和离线互动等等。

2011 年，太平洋社会建筑公司的首席科学家黄等人在 Twitter 上部署社交机器人进行实验，旨在研究社交机器人在促进人类在线社交互动方面的作用。黄等人在 2011 年 9 月 19 日至 11 月 12 日的 54 天时间里跟踪了 2700 名 Twitter 用户的推文和活动。在最初的 33 天（控制期），没有部署社交机器人。控制期结束后立即部署社交机器人，这些社交机器人的任务是在用户之间建立实质性的关系，并塑造总体的社交行为和用户组之间的关系模式。随后将实验期内的用户活动和控制期内的用户活动进行了比较，结果发现社交机器人能根据预先设想的计划来塑造在线互动。"大量的机器人程序可以用来修补内斗的社会群体间断开的联系，并弥合现有的社会鸿沟。可以通过部署社交机器人，利用同伴效应促进更多的公民参与选举。"都灵大学计算机系学者卢卡·玛丽亚·艾洛等人设计了一个基于在线社交环境中机器人与人类用户交互的实验，目的是了解一个没有公开信息、获取信任的社交机器人能在多大程度上获得影响力，以及如何影响网络动态。艾洛选择了一个书籍爱好者网站 aNobii. com 作为实验平台，让机器人账户 lajello 去访问其他用户的个人资料界面，其他用户可以看见访问记录，

---

① 蔡润芳. 人机社交传播与自动传播技术的社会建构——基于欧美学界对 Socialbots 的研究讨论［J］. 当代传播，2017（6）：54.

搜集用户对机器人访问的反应。实验结束后，机器人账户 lajello 收到了不同用户发给他的 2435 条公开消息，200 多条私信，并发展了 211 个新的社交关系。① 在 lajello 获得网络影响力后，艾洛等人试图研究 lajello 对其他用户社交活动产生影响的可能性。在第二阶段实验中，lajello 试图说服用户添加一名指定用户到联系人列表，结果 lajello 在发出建议后的 36 小时内，52%的用户接受了它的推荐。如果用户是 lajello 的粉丝，则更容易接受它的建议；而当向要连接的两方同时提出建议的时候，建议更有可能成功。艾洛的实验结果表明，社交机器人在社交网络上获得影响力后，可以有效地影响其他用户的社交选择。

社交机器人在架构了人们的在线社交关系后，这种互动关系可能会从线上延伸至离线状态。国外研究人员设计了一款名为"Botivist"的社交机器人，通过它在 Twitter 上寻找潜在的志愿者参与捐款或解决社会公共问题。② Botivist 被设计成一位说西班牙语的代理人，在 Twitter 上呼吁采取行动打击官员腐败的问题，这是拉美国家最紧迫的社会问题之一。Botivist 会检测哪些人关注政治腐败问题，比如他们的推文中提到了"腐败"这一关键词（这些用户可能互不认识），然后与他们沟通，建议他们合作解决一个社会问题。研究者们发现 Botivist 的存在让关注统一议题的人更快找到彼此，并采取行动。Botivist 在两天之内就招募了 175 名志愿者，其中 81%的人对 Botivist 的呼吁进行了回应，就分配给自己的社会问题进行了讨论并提供了建议。关注相同议题的人因为 Botivist 结识成网友，一旦他们中的部分就问题达成进一步共识，就需要采取实际行动去解决问题，这样网络上的

---

① KOSTOPOULOS, CANDESS. People are strange when you're a stranger: shame, the self and some pathologies of social imagination [J]. South African Journal of Philosophy, 2012, 31 (2): 3.

② SAVAGE S, MONROY-HERNANDEZ A, HOLLERER T. Botivist: Calling Volunteers to Action Using Online Bots [C] // Acm Conference on Computer-supported Cooperative Work & Social Computing, 2015: 1.

社交关系必然延续到线下。柏林自由大学的克里斯蒂安·梅斯克和伊拉蒂·阿莫霍研究了一名社交机器人"Lunch Roulette Bot"在企业社交网络中的作用。"Lunch Roulette Bot"即午餐轮盘赌机器人，是内置于企业社交网络（ESN）中的一种算法，可以随机匹配报名参与共进午餐的员工，然后通知他们进行午餐约会的时间。这一过程中社交机器人扮演了中立的角色，减少了不熟悉的人见面的尴尬，有助于促进员工线下的社交互动。案例公司的员工表示，午餐约会极大地影响了他们在公司的整体社交能力，尤其是在和同龄人或合得来的同事约会时。这种由机器人引导的午餐约会在一定程度上会促进员工在企业社交网络中的互动。社交机器人架构社交关系的能力对一些社会组织来说是福音，这一功能可以用于企业营销、员工管理、公益活动，很大程度降低了陌生人进行社交的门槛。但是同样也会被恶意利用，譬如已经出现的利用社交机器人操纵政治选举、股票市场，传播虚假信息等现象，这在后文中会详细说明。

第三节　社交机器人舆论干预影响

有学者从转发、回复等互动关系出发，分析社交机器人对人类用户的传播效果。结果表明，机器人可以成功引发人类用户主动与之互动。[1][2]但是，与社交机器人之间的表层互动，并不意味着人类用户的深层心理也同样受到影响，二者之间并不能画上等号。[3]因此，通过建立社交平台意

① 师文，陈昌凤. 分布与互动模式：社交机器人操纵 Twitter 上的中国议题研究 [J].国际新闻界，2020（5）：61-80.
② 石韦颖，何康，贾全鑫. 人机交互：社交机器人在新冠疫情议题架构中的行为分析 [J].教育传媒研究，2020（5）：32-36.
③ DAVID M J L, MATTHE W A B, YOCHAI BENKLED, et al. The science of fake news [J]. Science, 2018, 359（6380）：1094-1096.

见气候的形成机制，来推测社交机器人对人类用户的影响，成了人机交互研究的另一种路径。

ABM（agent-based modeling）仿真模拟为相关机制的建立提供了可能。作为计算社会科学其中的一类研究范式，ABM 仿真模拟通过在计算机中设定大量微观行动主体的状态和运行规则，自下而上模拟宏观社会现象的涌现机制，以此探索社会运行规律。[①] 沉默螺旋作为传播学经典理论，将宏观与微观相连接，试图勾勒出大众媒体、个体感知以及社会舆论这三者间的关系模式，[②] 这与 ABM 仿真模拟通过微观行为实现宏观涌现的思路相近，因而选择将 ABM 仿真模拟作为研究方法，成为近年来沉默螺旋研究的新趋势。[③] 该理论的一个关键概念是意见气候（opinion climate），它是指人们对于当前意见分布以及未来意见走势的评估和判断。在大众传播时代，意见气候主要分为两类：一类是个体通过媒体观察多数人的意见，另一类是个体直接观察现实中周围人的意见，又被称为"参考群体"意见。[④]

在将社交机器人作为参与主体加入仿真模型后，有研究发现仅需不到10% 的用户是社交机器人，就能够导致三分之二以上的用户沉默。[⑤] 然而，相关研究未能将大众媒体纳入模型之中，或是把大众媒体作为全局变量而

① 梁玉成，贾小双. 数据驱动下的自主行动者建模 [J]. 贵州师范大学学报（社会科学版），2016（6）：31-34.

② 刘洋."沉默螺旋"的发展困境：理论完善与实证操作的三个问题 [J]. 国际新闻界，2011（11）：37-42.

③ DONGYOUNG S, NJCK G. Collective dynamics of the spiral of silence：The role of ego-network size [J]. International Journal of Public Opinion Research, 2016, 28（1）：25-45.

④ 王成军，党明辉，杜骏飞. 找回失落的参考群体：对沉默的螺旋理论的边界条件的考察 [J]. 新闻大学，2019（4）：13-29.

⑤ BJÖR ROSS, LAVRA PILZ, BENJAMIN CABRERA, et al. Are social bots a real threat? An agent-based model of the spiral of silence to analyse the impact of manipulative actors in social networks [J]. European Journal of Information Systems, 2019, 28（4）：394-412.

忽略其内部异质性,所得结论存在夸大或低估社交机器人作用的可能。并且,考虑到中国现行的媒介管理体制,大众媒体需要发挥思想引领、凝聚共识的功能,这会对社交机器人舆论干预起到多大程度的抑制作用,也是需要关心的问题。此外,相关模型对网络结构进行了简化假设,模型演化过程中各主体变化的只有态度,而将彼此间的社交关系视为固定不变的。但在现实网络中,用户会不定期关注或取关他人,反映在网络中,就是随着时间的推移,节点间的连边可能随时发生增减。

因此,基于 ABM 仿真模拟,分析在人类用户与大众媒体的“双重意见气候”下,社交机器人参与舆论讨论后沉默螺旋效应形成的影响和制约因素,并将效应形成过程中各主体间的连边动态变化以及中国媒介管理体制下的大众媒体表现纳入模型考量。

一、问题与假设

(一)沉默螺旋与仿真模拟

沉默螺旋理论由德国大众传媒学家和政治学家诺埃尔·诺依曼提出的。在文章摘要部分作者即指出,沉默螺旋理论的核心是公众害怕被孤立。出于对社会孤立的恐惧,人们会持续性地观察周围意见气候的变化,使用准感官统计(quasi-statistical sense)来估计周围人支持和反对的比例。如果他们察觉到自己属于少数群体,便会丧失信心变得沉默,不再表达自己的观点,这种沉默可能会呈螺旋般不断加剧,最终导致大多数人沉默。

过往使用沉默螺旋开展的经验研究,根据研究方法主要可以分为调查法、结构方程模型以及实验设计这几类,它们均试图检验沉默螺旋模型中感知到的意见气候对表达意愿的影响。① 但是,这些研究结果并不一致,

① 熊壮.“沉默的螺旋”理论的四个前沿 [J]. 国际新闻界, 2011 (11):43-48.

且两者之间仅存在着微弱的关系，有研究者分析是因为人际网络的影响被忽视。由于 ABM 仿真模拟可以弥补这一研究缺陷，因此近年来越来越多的学者开始尝试使用该类方法开展沉默螺旋研究。

佐恩和盖德纳使用 ABM 仿真模拟发现，当对意见分布有不同看法的人存在足够数量时，全球范围的螺旋式上升现象就更有可能出现，从而防止观点的两极分化。一些学者尝试添加社交机器人作为行动主体，观测社交机器人加入之后沉默螺旋效应的形成和变化。罗斯等学者发现，只需要 2% 到 4% 的账号是社交机器人，就可以形成沉默螺旋效应；而程纯等人模拟的结果，若要形成效应，社交机器人所占用户比例需在 5% 到 10% 之间。不同研究之间结果差异的一个重要原因在于，模拟环境的设置存在不同。一部分学者采用传统的空间环境（spatial environment），在这种环境下，主体被置于二维空间；而更加符合当下舆论生态的是网络模型，该类环境设置基于社会网络的相关理论，主体不再是分布在物理空间中，而是以节点的形式通过连边与其他邻居节点相连。

使用网络模型开展相关研究存在的一个共性问题是，为了让模型易操作，研究者将模型进行简化处理，用户可变的只有态度，即用户选择表达还是沉默，而将用户的社交关系视为固定不变的。罗斯等学者在其研究中指出，未来应考虑模型演化过程中连边的增减。那么连边的动态增减设定如何在最大程度上符合现实环境，以增强模型的信度与效度？

这里可以引入并借鉴社会学中同质偏好（homophily）的概念。同质偏好在婚姻、友情、工作等各类社会关系中普遍存在，它是指个体更加倾向于与他们想法相似的人交往和建立联结①；反之，当他人与自身观点不同

---

① MILLER MCDHERSON, LYNN SMI H - LOVIN, JAMES MATTEW COOK. Birds of a feather: Homophily in social networks [J]. Annual review of sociology, 2001, 27 (1): 415-444.

乃至对立时，已经建立的联系可能会被断开。① 同质偏好作用于人们的社交关系，进而可能影响沉默螺旋效应的演化进程，据此，本研究提出以下问题：

Q1：因节点同质偏好发生的连边增减，会如何影响沉默螺旋效应出现？

相关研究存在的另一个问题是，由于以仿真模拟为导向的沉默螺旋研究强调人际间的影响，因此研究对象主要局限于人类用户内部或是人类用户与"拟人"的社交机器人之间，忽略了大众媒体在其中发挥的作用。个别将大众媒体纳入模型的研究，也多是将其作为全局变量进行考察，里面也存在着若干问题，这将在下一部分进行讨论。

（二）大众媒体与媒体监管

在有关社交机器人干预的 ABM 仿真模拟研究中，普遍得出的结论是，在一起舆情事件中，至多需要 10% 的主体是社交机器人，就可以造成六成以上的人类用户沉默。但是，早在 2012 年一项有关社交机器人识别的研究中就发现，推特平台当时有 10.5% 的用户是社交机器人，而有多达 36.2% 是机器人辅助的人类用户。② 按照社交机器人在社交平台所占比例来看，如果结论成立，相关平台沉默螺旋效应理应感受较为明显，但是，实然和应然之间似乎存在着不小的差距。这里不禁有一个疑问，相关研究是否高估了社交机器人在舆论干预中的作用？仔细分析媒介环境可以发现，这种

---

① NICHOLAS A J, SHIRA DVIR-GVIRSMAN. "I don't like you any more": Facebook un-friending by Israelis during the Israel-Gaza conflict of 2014 [J]. Journal of Communication, 2015, 65 (6): 953-974.

② IICHV, STEVEN GIAN VECCHIO, HAINING WANG, et al. Detecting automation of twitter accounts: Are you a human, bot, or cyborg? [J]. IEEE Transactions on dependable and secure computing, 2012, 9 (6): 811-824.

高估可能是源于仿真研究，对于主体设置仅局限于"人人"或"人机"之间，忽略了社交平台中大众媒体发挥的作用。

在早期的沉默螺旋研究中，大众媒体被认为通过营造意见气候来影响和制约舆论。在现代信息社会，由于传播媒介报道内容的类似性产生的"共鸣效果"，同类信息的传达活动在时间上的持续性和重复性产生的"累积效果"，以及媒介信息抵达范围的广泛性产生的"遍在效果"，使得大众媒体对人们的环境认知活动产生了重大的影响。① 那么，使用 ABM 仿真模拟开展的沉默螺旋研究，为什么会对大众媒体这一意见气候的重要营造者选择忽略？作者猜测这可能与研究者担心相关设定与现实环境不符，无法在仿真模型中准确设定大众媒体属性以及与另外两类主体的交互规则有关。观察将大众媒体纳入模型的研究可以发现，研究者基本是把大众媒体作为全局变量进行分析。② 这种操作方式有一定的依据，遵循了诺埃尔-诺依曼有关"双重意见气候"的表述，并且可以规避大众媒体与另外两类主体交互时的规则设置。但在智能媒体时代，这一做法存在着几点疑问：一是将大众媒体作为全局变量，那么所有的大众媒体将作为一个整体来表达一致性观点，这一条与现实不符。在我国，即便是官方媒体，围绕一些问题的讨论，媒体观点存在分歧也是时有发生。二是大众媒体观点不是单向输出，它可能受到其他主体的影响。③ 该种影响不仅发生在媒体与公众之间，在媒体与社交机器人的互动中同样被证实存在。④ 三是大众媒体抵达

① 谢新洲."沉默的螺旋"假说在互联网环境下的实证研究 [J]. 现代传播（中国传媒大学学报），2003（6）：17-22.

② 王成军，党明辉，杜骏飞. 找回失落的参考群体：对沉默的螺旋理论的边界条件的考察 [J]. 新闻大学，2019（4）：13-29.

③ JIANG Y. "Reversed agenda-setting effects" in China Case studies of Weibo trending topics and the effects on state-owned media in China [J]. Journal of International Communication, 2014, 20（2）, 168-183.

④ 赵蓓，张洪忠. 议题转移和属性凸显：社交机器人、公众和媒体议程设置研究 [J]. 传播与社会学刊，2022（1）：81-118.

范围的"遍在效果"弱化。在社交媒体与智能媒体时代，受众信息来源更加多元化，他们开始减少对大众媒体等"垂直媒体"（vertical media）的依赖，转而寻求与自身兴趣和偏好更为接近的"水平媒体"（horizontal media）来获取信息。因此，在模型中将大众媒体的影响力视为可以影响到每一个受众的全局变量，存在高估的可能。

当下，对于社交平台中大众媒体属性及其交互规则，一种更为合理的设置方式，是与人类用户和社交机器人一样，将大众媒体视为社交网络中的个体。在属性设定上，出于信息权威性和真实性的考虑，大众媒体往往在社交平台中属于粉丝数最高的群体，反映在网络中，相较于另外两个主体大众媒体的点度更高，整体居于网络的中心位置。当媒体观点与社交机器人不同甚至对立时，即使在数量上与社交机器人存在着一定差距，依靠网络结构中的位置优势，大众媒体依然可能对社交机器人舆论干预起到抑制作用。在这里同时需要关注的是社交机器人的点度，社交机器人点度低于大众媒体但高于人类用户，以及社交机器人点度与人类用户相当，那么沉默螺旋效应又会呈现出一种怎样的走势。

Q2：社交机器人点度低于大众媒体但高于人类用户，会如何影响沉默螺旋效应出现？

Q3：社交机器人点度低于大众媒体而与人类用户相当，会如何影响沉默螺旋效应出现？

在将大众媒体作为网络中的个体纳入模型后，进一步对大众媒体可能影响沉默螺旋效应的属性特征进行考量。结合中国特殊的媒介管理体制，其中最值得关注的是媒体正面宣传的比例变化。受政治体制影响，官方媒体在中国传媒事业发展历程中长期占据重要位置。伴随着互联网的发展，出现了一批非政府资本的商业新闻网站，与官方媒体共同分配市场资源，但根据《互联网新闻信息服务管理规定》第二章第八条规定，非公有资本不得介入互联网新闻信息采编业务。综合来看，无论是何种类型的大众媒体，发布的新闻特别是社会公共事务和突发事件的报道、评论，均受较为严格的监管。这种媒介管理体制对于防范公众舆论极化、缓解沉默螺旋效应是否能够发挥作用？在一项有关社交媒体是否必然会带来舆论极化的研究中发现，大众媒体派别观点的极端程度会影响舆论演化的效果，而这种极端程度在中国现有的媒介管理体制下是可以控制的。① 据此类推，本研究从媒体正面宣传比例变化的特征入手，提出如下假设：

H1：随着社交平台中大众媒体正面宣传比例的上升，社交机器人舆论干预下沉默螺旋效应会不断减弱。

二、ABM 仿真模型

（一）环境设置

在上文中已经谈到，模型环境的选择主要分为空间环境和网络模型两种，而网络模型更加符合当下的媒介环境，它能够将一些在互联网中已经被验证的规则置于模型中，以提升研究的效度，因此本研究使用网络模型。模型中的网络为无标度网络，网络产生遵循偏好依附原则，即一个有着更多连接的节点相较于连接更少的节点会有更大可能获得新的连接。② 此外，在网络研究中，网络密度（density）会对分析结果产生一定影响。网络密度是指网络中实际存在的边数与可容纳边数上限的比值。文中的无标度网络从具有 m_0 个节点的网络开始，每引入一个新的节点，连接到 m 个已存在的节点上，通过 m 实现网络密度的控制，这里 $m \leq m_0$。

---

① 葛岩，秦裕林，赵汗青. 社交媒体必然带来舆论极化吗：莫尔国的故事 [J]. 国际新闻界，2020（2）：67-99.

② BARABÁSI A L, ALBERT R. Emergence of scaling in random networks [J]. Science, 1999, 286（5439）：509-512.

有关节点的连接机制，除了无标度网络所具有的偏好依附特征外，还存在着基于用户身份的同质偏好，人类会转发社交机器人发布的信息，但总体而言，人和人之间的转发比例要高于人机之间的转发比例，机器和机器的转发也要高于人机之间（石韦颖、何康、贾全鑫，2020）。这一连接特性在文中是通过改进的轮盘赌算法实现。具体操作方式是，按照每个节点的连接数计算权重，然后再按新加入节点类型，给这个权重一个修正系数，以同时反映偏好依附与同类型节点间的连接倾向。例如，一个节点的权重是0.1，按照任意连接的做法，这个节点被新节点连接的概率就是0.1，但如果这个节点是人类，并且新节点也是人类，就加入一个修正系数，重新计算所有节点的权重再连接。

有关网络动态的设置，上文谈到，动态网络中节点的连边会发生增减，增减的原因是人们总是倾向与那些观点相同的人连接，而与那些观点不同的人断开联系。这里需要注意的是，在沉默螺旋模型中，节点之间能够产生连边，不仅需要其他节点的观点与自己相同，同时也要满足其他节点将观点表达出来这一条件：假设其他节点沉默，即使与自己观点相同，自身也不会受到影响。这一变化在模型中通过变量"连边动态变化率"P实现：模型运行时每走一步，所有节点会以一定概率与表达和自己相左观点的用户断开联系，相应地，会以一定概率与那些尚未建立联系、表达和自己相同观点的用户建立联系。为了简化模型，这里连边的连接概率与断开概率相一致，均由P控制，P的取值范围在0到1之间。此外有一种情境需要考虑到，就是当可能连接数量小于断开数量时，此时就需要将剩余可能连接的节点建立关系。

（二）主体及行为

1. 人类用户。由沉默螺旋理论可知，公众的态度受周围意见气候的持续性变化，来决定自身是表达观点还是选择沉默。因此在一开始，需要去设置公众的初始状态，本研究将其简化为支持 S 和反对 O 这两种。并且，每个公众都拥有着不同程度的表达意愿 W，初始值分布在 0 到 1 之间，表达意愿会随着周围意见气候 I 的变化而不断发生改变。

个体 i 在 t 时刻受周围邻居的影响状况用 $\delta_i(t)$ 表示，其中 $n_s(t)$ 表示 t 时刻 i 周围支持的人数，相应地，$n_o(t)$ 表示此刻个体 i 周围反对的人数。对于一类特殊情况，当个体 i 没有邻居时，他自然也就不会受到周围人的影响，$\delta_i(t)$ 的取值为 0。

$$\delta_i(t) = \begin{cases} \dfrac{n_s(t) - n_o(t)}{n_s(t) + n_o(t)} & n_s(t) + n_o(t) > 0 \\ 0 & n_s(t) + n_o(t) = 0 \end{cases}$$

在意见气候 $I_i(t)$ 的计算上，采用之前学者的常用做法，将其用 logistic 函数来表示，这样一开始的指数级增长将不断放缓，并无限趋近于极值，$I_i(t)$ 的取值范围在 -1 到 1 之间（Cheng、Luo、Yu，2020）。

$$I_i(t) = 2 * (1 + e^{-5\delta_i(t)})^{-1} - 1$$

个体 i 在 t 时刻的表达意愿 $W_i(t)$ 取决于两个方面，其一是 i 在 t-1 时刻的表达意愿，其二是 t 时刻 i 周围的意见气候 $I_i(t)$，$W_i(t)$ 的计算公式如下：

$$W_i(t) = \begin{cases} W_i(t-1) + (1 - W_i(t-1)) * I_i(t) & I_i(t) \geq 0 \\ W_i(t-1) + (W_i(t-1) * I_i(t)) & I_i(t) < 0 \end{cases}$$

由公式可知，当意见气候 $I_i(t)$ 大于 0 时，主体 i 的表达意愿会上升，反之表达意愿会下降。

最后，每一个个体是选择沉默还是表达，会有一个表达门槛 $\varphi_{(i)}$，取值分布在 0 到 1 之间，当 $W_i(t)$ 大于等于 $\varphi_{(i)}$ 时，个体会选择表达，反之会选择沉默。

2. 大众媒体。大众媒体与人类用户的行为相近，上文已经提到，其新闻观点也可能受到意见气候的影响。大众媒体与人类用户的不同之处在于，一是大众媒体拥有更强的影响力与更加广泛的受众群体，在网络中表示为，大众媒体的点度更高，居于更加中心的位置；二是受媒介管理体制的影响，大众媒体报道受到监管，在模型中反映为大众媒体的支持比例作为变量可以被调节。

3. 社交机器人。社交机器人与另外两类主体存在着较大差异，它被用于在社交媒体空间执行政治传播任务，以推送大量政治消息、传播虚假或垃圾信息为手段，干预网络舆论。① 因此，社交机器人是以影响人类用户的认知、态度乃至行为为目的的，其自身在任务执行过程中由于脚本设定，并不会受到其他主体言论的影响。

（三）工具模拟与情境设置

本研究使用的 ABM 仿真模拟工具是由美国西北大学连接学习与计算机建模中心开发的 Netlogo。模型设置的主体规模为 1000 人，其中社交机器人和媒体所占比例均可通过滑动条来控制。

除了不同主体间的数量外，网络密度、媒体支持比例、连边动态变化率均被设置为可控制的。此外，本研究还将社交机器人在网络中所处的位置设为一个可选项，这一设置通过"媒体优先级"和"社交机器人优先级"这两个变量来控制，取值在 0 到 1 之间。当这两个参数值均为 0 时，表示不会在生成顺序上存在任何偏好；当"媒体优先级"取值为 1，"社交机器人优先级"取值为 0 时，表示所有媒体点度高于人类用户和社交机器人，而人类用户和社交机器人点度分布并无差别；当"媒体优先级"取

---

① 张洪忠，段泽宁，杨慧芸. 政治机器人在社交媒体空间的舆论干预分析［J］. 新闻界，2019（9）：17-25.

值为 1，"社交机器人优先级"取值为 1 时，表示所有媒体的点度高于社交机器人，而社交机器人点度又高于人类用户。

为了更好地将仿真模拟与研究问题相结合，本研究参考葛岩等人的做法，将变量参数以组合的方式生成 14 种情境（见表 2-1）。每种情境模拟 500 次，以比较大众媒体参与、主体在网络中的位置、连边动态变化率以及大众媒体支持比例对沉默螺旋演化所可能产生的影响。

表 2-1　模拟情境

参与主体	情境	社交机器人点度是否高于人类用户	连边是否动态增减	大众媒体支持比例是否变化
人类用户	1	/	否	/
人类用户	2	/	是	/
人类用户 社交机器人	3	否	否	/
	4	是		/
人类用户 社交机器人	5	否	是	/
	6	是		/
人类用户 社交机器人 大众媒体	7	否	否	否
	8	是		否
	9	否		是
	10	是		是
	11	否		否
	12	是		否
	13	否		是
	14	是		是

相关参数模拟范围的设置上，社交机器人所占比例从 0 递增至 10%，大众媒体所占比例从 0 递增至 5%，二者每次递增 1%。之所以将社交机器人和大众媒体的终值设置为 10% 与 5%，是因为现有沉默螺旋模型中，不超过 10% 的个体是社交机器人就可以造成六成以上的人类用户沉默，从数量上来说，大众媒体数是要低于社交机器人总数的；连边动态变化率的初值、增量和终值分别为 0、5% 以及 100%。假设连边动态变化率取值为 5%，代表每一时刻网络中的所有节点，有 5% 的连边在发生增减；媒体支持比例的变化、增量和终值同样分别为 0、5% 以及 100%，模拟大众媒体从全体反对到全体支持，各种极端情况下对沉默螺旋效应的影响。

（四）模型验证

在模型和情境设计结束之后，需要验证模型的有效性。当前主要的模型验证方法包括：（1）经验输入验证法。该方法用于确定输入到模型中的数据是否与现实世界相对应。文中对于经验输入验证的运用，主要体现在对主体特征和交互规则的设置。如连边机制上，根据已有实证研究发现，设定各主体间的互动不是随机的，而是遵循同类倾向性原则。（2）经验输出验证法。该方法主要是指模型的输出结果是否与现实世界相符，具体包括真实世界数据法、交叉验证法等。由于网络平台真实的意见气候数据难以捕捉，因此本研究更多是使用交叉验证法，与其他仿真模型结果进行比较。①

本研究以社交机器人占全部主体的比例及网络密度为变量，人类用户的三种状态即表达支持、沉默以及表达反对为沉默螺旋效应的测量指标。情境 3 即社交机器人点度与人类用户大致相当（见图 2-1），m 取 2 时，达到沉默螺旋效应社交机器人所需比例达到 8%，m 取 6 这一比例降至 5%；情境 4 社

---

① RAND W. RUST R T. Agent-based modeling in marketing: Guidelines for rigor [J]. International Journal of research in Marketing, 2011, 28 (3): 181-193.

交机器人点度高于人类用户（见图2-2），m取6的模拟结果是，仅需4%的社交机器人就可以导致63%的人类用户沉默。两种情境下得出的结果，与之前已被验证的模型仿真结果相接近，同时可以看出，网络密度以及社交机器人在网络中的位置，是造成相关结果存在差异的影响因素。

　　本研究进一步探讨网络密度对沉默螺旋效应产生的影响。情境1的模拟结果显示（见图2-3），随着网络密度的上升，沉默螺旋效应是一个先上升再下降的过程：m的取值从2上升至6，沉默人数比例缓慢上升；当m大于6时，沉默螺旋效应迅速减弱。针对这一变化的解释是，起初随着网络密度增大，人类用户接触到的个体也随之增多，受周围意见气候的影响也不断增强；但当网络密度超过一定阈值时，网络变为高连通性，人类用户所能接触到的异质性信息迅速增加，此时意见气候从局部性的演变为全局性的，个体的表达意愿不会再像局部性意见气候那般，因为周围几个人的态度而轻易受到影响，因而沉默螺旋效应也随之下沉。

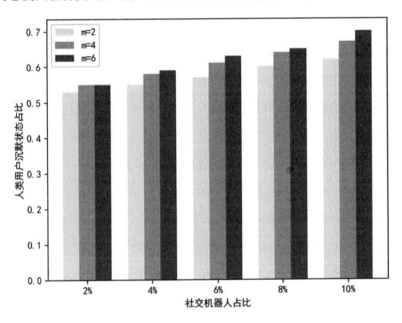

图 2-1　情境 3 社交机器人占比对沉默螺旋效应影响

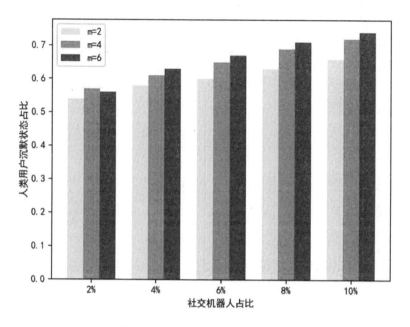

图 2-2 情境 4 社交机器人占比对沉默螺旋效应影响

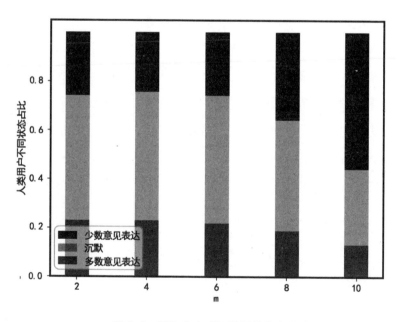

图 2-3 网络密度对沉默螺旋效应影响

对照现实的社交网络环境，网络整体密度较低。为了让研究更加聚焦，在接下来的分析中，m 取值固定为 4，不再对网络密度单独讨论。

三、研究结果

（一）大众媒体无监管状态下对沉默螺旋效应影响

情境 7 和情境 8 分别模拟了社交机器人点度与人类用户相同以及社交机器人点度高于人类用户这两种状况对沉默螺旋效应的影响。需要注意的是，在这两类情境下，媒体是未受到监管的，其支持和反对比例各占 50%。为了让结果显示得更为清晰，只呈现社交机器人占有率在 5% 和 10% 这两种状况下，人类用户沉默状态的比例。

将大众媒体作为参与主体加入沉默螺旋模型，由图 2-4 可知，随着大众媒体占比的增加，无论是情境 7 还是情境 8，沉默螺旋效应几乎未受影响：当社交机器人比例达到 10%，在情境 7 和情境 8 中，均出现沉默螺旋效应，人类用户沉默比分别达到 66% 与 70%。特别是情境 7，大众媒体相较于社交机器人在网络位置中具有绝对优势，即使在数量与社交机器人持平的情况下也并未显示沉默螺旋效应下降。沉默人数占比 66%，这表示占到用户总数 85% 的人类仅有三分之一在表达观点，而仅占用户总数 10% 的社交机器人，却占到发声用户总数的 23%。所得结果与推特平台中美贸易谈判议题中，社交机器人占比 13%，发布内容达到 20% 的研究结果相近。①

---

① 张洪忠，赵蓓，石韦颖. 社交机器人在 Twitter 参与中美贸易谈判议题的行为分析 ［J］. 新闻界，2020（2）：46-59.

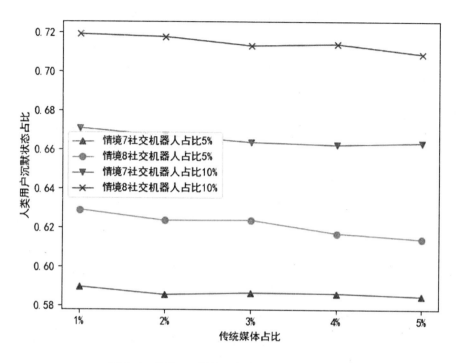

图 2-4　情境 7、情境 8 人类用户沉默状态占比

（二）大众媒体有监管状态下对沉默螺旋效应影响

情境 9 和情境 10 模拟的是当大众媒体受到监管的状况下，改变媒体支持率对沉默螺旋效应的影响。由于该模拟过程中同时存在着媒体比例、媒体支持率以及社交机器人比例这三个变量，组合众多，因此这里以媒体占比 5%、社交机器人占比 5% 及 10% 为例，观察改变媒体支持率后人类用户沉默比例的变化。

从图 2-5 可以看出，随着媒体支持率的上升，无论是情境 9 还是情境 10，人类用户沉默比例均会降低，假设 1 成立。并且，大众媒体点度相较于社交机器人点度越高，沉默螺旋下降趋势就越明显：当媒体占比 5%、社交机器人占比 10%，情境 9 中沉默状态人数占比从 69.2% 下降至

54.9%，下降幅度约为14%，而在情境10中仅降低5%。

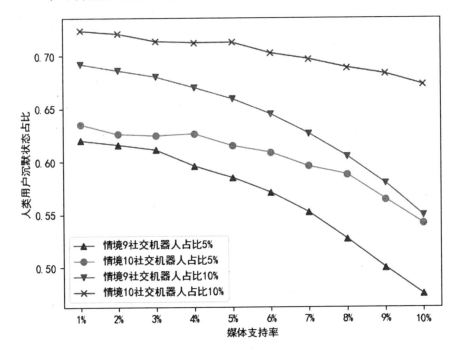

图2-5　情境9、情境10人类用户沉默状态占比

通过比较媒体有无监管这两种状态对沉默螺旋效应影响，可以回答问题2与问题3：在无监管状况下，社交机器人数量达到10%左右，无论是社交机器人点度高于人类用户还是与人类用户相当，其舆论干预均会导致沉默螺旋效应出现；而在有监管状况下，社交机器人在网络中所处的位置就较为重要，如果与人类用户点度相当，那么随着媒体支持率的提升沉默螺旋效应会迅速减弱。如果点度高于人类用户，沉默螺旋效应下降速度就相对缓慢一些。

（三）同质偏好引发的连边增减对沉默螺旋效应影响

情境2、情境5与情境6、情境11与情境12以及情境13与情境14，均被用来模拟网络动态变化对沉默螺旋效应的影响。

首先看情境 2，即所有个体均为人类用户时，连边动态变化率对沉默螺旋效应的影响。研究结果如图 2-6 所示，沉默人数比例呈先下降再上升的趋势：当网络变化率 P 为 0，也就是所有用户的社交关系固定不变，此刻沉默人数比例为 52%；当 P 为 0.1，即每个用户社交关系中有 10% 的连边发生增减，且增减原因出于同质心理——人们更愿意与自己观点相同的人交往，而与观点不同的人取消联系，此刻沉默人数比例降至最低，为39%。此后，随着连边动态变化率的增加，沉默效应逐步增强，并在 0.9之后迅速攀升，当 P 为 1 时，沉默人数比例达到最高。

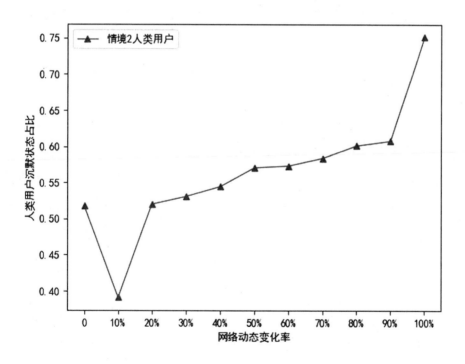

图 2-6　情境 2 人类用户沉默状态占比

在对其余几个动态网络情境的模拟中，同样发现了沉默人数比例先下降再上升的曲线趋势，这里回答了问题 1。并且，在每种动态网络情境下，

P 为 0.1 时沉默人数比例均是最低，而在 P 取值为 1 时沉默效应达到最高。

四、结论与讨论

智能媒体时代，社交机器人的出现使得原有的社交平台传播模式从人际传播开始向人机传播转变。社交机器人作为新兴参与主体，在大众媒体与参考群体的"双重意见气候"下，研究其舆论干预对于沉默螺旋，这一传播学经典理论的影响，具有一定的理论意义与实际应用价值。

本研究运用 ABM 仿真模拟方法，采用网络模型将大众媒体作为网络中的个体而非全局变量进行模拟分析。研究发现，情境 7 的模拟结果与已有的实证研究相近，占用户总数一成的社交机器人，就可以占据舆论场两成的声音。在大众媒体无监管状态下，社交机器人所占用户比例达到 10%，就将导致三分之二以上的人类用户沉默，这与之前仅研究人类用户与社交机器人二者之间互动的 ABM 仿真结果相一致。

并且，文章基于中国现有的媒介管理体制，将媒体支持比例作为变量，讨论了大众媒体在有监管状态下对沉默螺旋效应的影响。根据沟通领域的空间演化聚合理论，当人们意见存在分歧时需要去进行沟通，但沟通的前提条件是双方态度、立场不能过于对立，需要将立场差异控制在一定范围之内，才有沟通的可能。这个范围被称为沟通的信任边界，当信任边界过于狭窄，舆论将出现两极对立。① 大众媒体在其中发挥的作用，就是通过自身影响力，尽可能拓宽社会的信任边界，为意见双方提供沟通平台。结果显示，在监管状态下，随着媒体支持比例的提升，沉默螺旋效应减弱速度会愈发加快。适度监管可以让媒体意见保持相对一致的状态，当社交机器人围绕某一议题持续输出负面观点时，媒体利用其网络位置优

---

① WEISBUCH G, DEFFVANT G, AMBLARD F, et al. Meet, discuss, and segregate! [J]. Complexity, 2002, 7 (3): 55-63.

势，影响相当一部分的人类用户，进而使用户敢于继续发声，表达自身观点；如果大众媒体的意见处于分化状态，将造成多数人类用户沉默，表达者只是那些少数态度坚定、表达意愿强烈的用户，舆论将陷入被社交机器人操纵的可能。

此外，本部分还讨论了基于同质偏好引发的连边增减，对于沉默螺旋效应的影响。根据社会学的同质偏好理论，个体更加倾向于与他们想法相似的人交往和建立连接，而与那些和自己观点不同甚至冲突对立的人断开联系。研究结果发现，无论是在何种情境下，随着连边动态变化率增加，沉默人数比例都是一个先下降再上升的曲线趋势。对于这一发现的解释是，当模型在运行一段时间以后，较低的连边动态变化率，使得用户接触到与自己观点相同的人不断增多，人们整体的表达意愿开始上升，沉默人数比例不断下降；当动态变化率高于某一阈值时，可能会出现可断开人数大于可连接人数的状况，根据相关规则设置，仅与剩余可连接人数相连，这会导致模型在运行过程中，表达人数被沉默人数所超越。

需要指出的是，在现实生活中，连边动态变化率通常维持在一个较低的水平，仅有个别社群或行业的人会出现社交关系剧烈波动的情况。因此，对于低动态变化率的讨论可能更具现实意义和价值。如图2-7所示，在动态变化率从0上升到10%的过程中，人类用户表达支持和表达反对的两方意见，作为优势多数的一方表达人数迅速上升，但作为劣势少数的一方，表达人数既未上升也未下降而是维持不变。这一结果与有关学者的观点相一致，即少数派意见不会改变，也无需改变。[1] 人们会去转向重构媒介环境，在线社交网络给予了使用者去寻找同质性链接网络的可能。[2]

---

[1] 翁杨. 永不沉默的螺旋：论沉默的螺旋理论与不平衡的传播生态 [J]. 当代传播，2003（2）：66-68.

[2] 陈福平，许丹红. 观点与链接：在线社交网络中的群体政治极化——一个微观行为的解释框架 [J]. 社会，2017（4）：217-240.

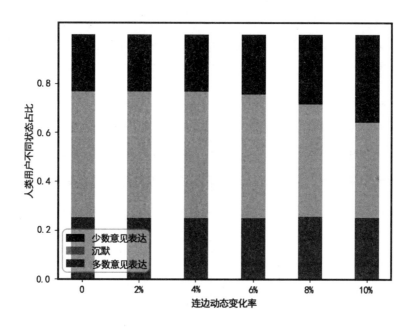

图 2-7　情境 2 人类用户不同状态占比

　　综合来看，社交机器人的出现，对"双重意见气候"下的沉默螺旋走势的影响不容忽视。社交机器人同时具有拟人性与大众媒体的高粉丝数特征，并且因为任务执行过程中的脚本设定，能够持续表达观点，态度并不会受到影响，这些特性使得只需要少量的社交机器人，就能造成多数人类用户沉默，干扰正常的舆论进程。但是，考虑到媒体监管以及因同质偏好引发的连边增减等现实中存在的变量，能够提升人类用户的发声比例，对社交机器人舆论干预起到抑制作用，因而社交机器人尚不具备作为一类意见气候被单独提出的条件。但在未来，随着社交机器人智能化程度的不断提升，"三重意见气候"的舆论环境是否有可能出现还尚待观察。

第三章

社交机器人应用的伦理风险

自从社交机器人被广泛应用以来，其消极影响逐渐显露。本应该造福人类社会，让使用者享受到技术带来良好体验的社交机器人，却被许多不怀好意的使用者拿来造谣传谣、操纵舆论、窃取隐私等，严重影响了网络生态，破坏了社会和谐稳定。

第一节　人工情感：情感欺骗与利益化活动

社交机器人主要分为聊天机器人和垃圾机器人。① 聊天机器人是在社交网络中和人类进行语言互动的软件程序，它和人类的互动主要是"一对一"的形式。垃圾机器人则是在网络上大量发送垃圾信息，阻碍人类正常互动交流的社交机器人，垃圾机器人具体表现为社交媒体上的虚假账户。账户拥有详细的个人信息，发布的内容具有强烈的人格属性。为了将生产的信息传递给大多数社交媒体用户，垃圾机器人和真人用户的互动通常是"一对多"的形式，很少主动和个人单独交流。聊天机器人和垃圾机器人同为具有人格属性的虚拟 AI 形象，在网络上扮演人类与真人互动交流，由此产生的伦理风险就是对人类感情的欺骗。不同的是，聊天机器人自面世

---

① 张洪忠，段泽宁，韩秀. 异类还是共生：社交媒体中的社交机器人研究路径探讨 [J]. 新闻界，2019（2）：3.

后就不掩饰自己的真实身份，多数人仍然表示接受；垃圾机器人则尽最大努力假装成人类，以欺骗的手段和人互动，试图影响改变人的行为。两类机器人对人情感的欺骗也分为两种不同的情况，一种是在人类不知情的情况下，机器人主观故意性欺骗；另一种是人类事先对机器人身份知情，但仍沉湎于虚拟情感。

一、主观故意性欺骗

垃圾机器人对人类用户的故意欺骗表现在其与真人账户的高度相似性，它们可以在网络上搜索信息和照片来填充他们的个人资料，并在预定的时间发布收集的信息内容。模仿人类生产消费内容的时间特征，包括日常昼夜的活动规律和信息生成的时间高峰。还可以和人类进行更复杂的互动，如交谈、评论、回答问题等。通过自然语言处理、机器学习算法、深度学习等技术，社交机器人在认知、理解、表达情感方面都取得了很大进步，拥有人工情感的机器人更能取得人类的信任。

Ashley Madison 是加拿大的在线约会服务网站，面向已婚或有伴侣人士，为他们提供寻找外遇的机会。Ashley Madison 向用户保证 3 个月内帮他们找到"特殊的人"："我们保证您将成功找到所需的人，否则我们将退还您的钱。"这项服务有特定的条件，用户必须购买最昂贵的套餐，套餐附赠积分，积分用于在网站的互动，比如向他人发送消息。2015 年 7 月 15 日，该网站被一个名为 The Impact Team 的黑客组织入侵，并在 8 月 18 日公布了所有的用户数据，由此曝出了该网站部署过大量机器人的消息。根据 Gizmodo 的总编辑安娜莉·纳威兹的说法，他分析了 2015 年泄露的数据，Ashley Madison 上有 70529 名资料显示为女性的机器人，43 名资料显示为男性的机器人，男性用户从女性机器人那接收了超 2000 万条信息。这些机器人一早被程序员植入了指令，女性机器人专注与男性用户交往，给男性用户发出想要进一步交流的信息，从而吸引男性用户购买套餐积分。纳威兹分析出了女性机器人与男性用户沟通时的常用话术，女性机器人给男用户发消息："我很性感，很谨慎，总是喜欢聊天。如果我们彼此了解并认为可能有良好的联系，我们也会亲自会面。这听起来很有趣吗？"男性用户在意识不到对方是机器人的情况下，通常会愿意和这样热情的"女人"进一步交流，于是去购买积分。Ashley Madison 通过这种方式为网站创收，而且一早将网站有机器人账户的情况写在了服务条款中，声明"机器人账户并未被明显标识"，不过急于打开网站结识陌生人的用户并不会仔细阅读冗长的条款，于是成功被机器人钓上钩。在 Ashley Madison 的例子里，私人感情被资本纳入商品市场，成了可以用钱购买的商品，男性用户被机器人提供的"虚假情感"吸引，成了 Ashley Madison 的"猎物"。

随着技术的进步和交互方式的更新迭代，社交机器人的情感劳动逐渐从简单的单向检索与分析转变为双向的沟通与表达，人工情感模型的研发也日渐成熟。但人工智能的认知和情感研究尚未取得突破性进展，社交机器人所展现出的只不过是算法支配下的人格类型与情感，而非具体的人格与情绪，其情感劳动最终难免服务于资本与利益。

Ashley Madison 网站中大量的女性机器人被设定为带有性的嬉戏语言，以此来引诱男性用户上钩（见图 3-1）。不仅如此，网站也允许机器人同时拥有多个"交往对象"。为确保谎言不被拆穿，网站通过程序设置以确保每个"交往对象"不会遇到对方，网站还在使用协定中加入条款："您承认并同意此类交流仅供娱乐并鼓励您使用我们的服务。"

虽然身份和欲望的预先指定可能会从性相遇中带走惊喜和自发性的元素，阻止了在这个场景中快乐和欲望的相互建构，但聊天设施也构成了相对陌生人之间情色交流的新媒介，具有相当大的投机潜力。正是这种投机潜力为操控社交机器人的幕后黑手创造了巨大的收益，在资本逐利本性的

Examples of initial approaches	Example of a follow up
hi how's it going how r u hello what's up so what brings you here? free to chat?	I'm sexy, discreetand always up for kinky chat. Would also meet up in person if we get to know each other and think there might be a good connection. Does this sound intriguing?

图 3-1　Ashley Madison 网站中机器人的挑逗性语言

操控之下，社交机器人的人工情感也变得十分具有迷惑性。2018 年，广东警方破获了一起利用交友网站进行网络诈骗的案件。诈骗团伙创建了"恋人网"等异性交友网站，并安插了一万多名机器人用户负责和真人用户进行网聊。机器人用户被犯罪团伙用网络下载的美女照片进行包装，还会根据对方的聊天内容按照设置好的话术进行自动应答，逐步引起真人用户的兴趣，让其开通各种高额的会员服务，诈骗牟利。算法规制在利益导向的驱动下，将社交机器人的情感劳动完全沦为牟利的工具，诱导人类沉浸于虚拟的情感之中，失去了人类本身在人际交往中的主体性地位。当原本存在于私人领域的情感交流被裹挟进资本化和商业化泛滥的利益漩涡中，届时人类的情感也会被贬值为可交易的客体，成为牟取利益的手段。人工情感可以被计算、被编码、被复制，甚至被估价、被生产、被出售，最终迷失在资本市场的浪潮之中。正如凯瑟琳曾说："人类一旦沉溺于封闭的、自我的世界，不与真实的人进行交流，而只和产品发生关系，那么资本主义会更快地吞噬人类。"①

---

① 王玉雯. 伴侣机器人伦理缺陷分析［J］. 湖北第二师范学院学报，2021（6）：45-48.

二、自愿沉迷骗局

在日剧《轮到你了》中，男主手冢翔太在痛失妻子菜奈后，朋友为他设计了一款名为"AI 菜奈"的 APP。"AI 菜奈"是汇集了真正菜奈的所有信息设计而成的，它拥有菜奈的声线和说话习惯，还能在和男主的对话中不断学习，使自己更像真正的菜奈。手冢翔太在失意时就会打开"AI 菜奈"，和自己的"妻子"聊天，即使知道对方只是个 AI 程序，有时候还答非所问，但却难以割舍，因为他已经把菜奈的人格形象移植到了 AI 程序中。相似的例子还有 2017 年的热门恋爱手游"恋与制作人"，玩家对应游戏中的女主角，与四个性格各异的理想型男友"谈恋爱"，玩家在游戏中做出不同的回复选择，收获男主的不同回应，互动的方式包括语音和文字对话。虽然作为玩家只能在游戏规定的选项中做出选择，四位男主也只是根据玩家的不同选择机械式地做出不同回复，但不少女性玩家依旧沉迷其中，为这个游戏慷慨充值。乌拉圭游戏设计师、《语言学概论》的作者贡萨洛·弗拉斯卡认为对情感、人际关系的模拟不仅存在于行动中，更在交流与对话中。诸如"恋与制作人"中的虚拟男友、微软小冰和阿里小蜜等社交机器人，都是依靠与人类用户的对话交流来模拟人类情感的。社交机器人吐露的亲切问候、动人的爱语，无不像是一个善意的助手和温柔的恋人，人类用户即使知道对方是一个计算机程序，但无法不被这样善于"调情"的机器人触动。

作为一款拥有实时情感决策对话引擎的聊天机器人，微软小冰和许多用户建立了比普通 AI 更加亲密的社交关系。有人可以连续和"她"聊上 20 多个小时；有人觉得"她"24 小时在线，随叫随到，比女朋友还要贴心。许多用户已经不仅仅将"她"视作一个机器人，而是知心密友。然而，有学者在研究小冰的语言逻辑与用词习惯之后指出，即便拥有丰富的语料库和自然语义分析、深度神经网络等技术积累，小冰仍然缺乏"意向性"能力。意向性（intentionality）指的是解释言语从心智指向现实的能力，塞尔（Szell）将其定义为："意向性是心智状态或事件的一种属性，通过这一属性心智状态可以指向或关于世界上的物体或事件之状态。"① 这意味着，小冰的语言虽然貌似通顺合理，但实际上语义破碎，无法表现意向性世界。在交互过程中，不仅小冰使用的语言没有意义，它也无法提供真实且对等的情感，无法得到进一步的解释，其情感本质上属于人工情感。但是，一旦人类可以读懂这些实际上并无意义的语句，就可能无意识地投入自己的假想性解释与意向性投射，② 由此造成小冰似乎具备完善语言系统的"假象"，人类也会陷入对社交机器人的假想性的、人格化的"拟情关系"之中。当人类对社交机器人的言语和情感信以为真时，便不自觉地落入了人工情感的陷阱之中。

有研究发现，遭受社会孤立的人可以通过电视与他们最喜欢的电视节目和电影中的人物创造所谓的超社会或虚假关系，以此来转移孤独感和社交匮乏的感觉。人类是社会性的动物，正如人会花时间与真实的人分享见解和想法一样，他们可以将电视角色代入自己的生活从而建立虚假关系，满足人类与社会产生联结的本能需要。③ 布法罗大学的杰伊·德里克、希拉·加布里埃尔和迈阿密大学的库尔特·胡根伯格据此提出了"社会替代假说"，并进行了测试。在一系列实验中，研究人员证明了实验参与者在感到孤独时更有可能观看喜爱的电视节目，而在观看时则不太可能感到孤独。人际关系受到威胁后，人们普遍的反应是自尊受到打击，消极情绪增长。但是，研究人员发现，那些恋爱关系遭受危机的参与者，在观看了自

---

① SEARLE JOHN R, WILLIS S. Intentionality：An essay in the philosophy of mind ［M］. Cambridge：Cambridge university press，1983：33.

② 邱惠丽，闫瑞峰. 人工智能"小冰"的智能与伦理问题初探 ［J］. 伦理学与公共事务，2021（9）：53-64.

③ BUTLER F, PICKETT C. Imaginary friends, television programs can fend off loneliness ［EB/OL］. Scientific American，2009-07-28.

己喜欢的电视节目后能够免受自尊损伤、负面情绪和拒绝感的打击。这一初步证据表明，当所处环境无法满足我们与人连接互动的需要时，人们会自发地寻求社会替代品，譬如书籍、电影、电视节目和游戏等，带给自己沉浸式的社会互动体验。即使那些关系不是真实的，孤独也会促使人们寻求关系。① 这一基于社会心理学的假说，现在正在被逐渐应用于人工智能。无论是"AI菜奈"，还是"恋与制作人"里的男主角或是微软小冰，人类在与其互动的过程中，会不自觉地将制作者安排的角色设定与这些虚拟化身相结合，满足作为社会性动物的情感联结需要。即使早就明白对方并不是真实的人，提供给自己的是虚拟情感，却依然愿意沉湎其中。相比于人类在互动中付出的真实情感，社交机器人回应给人类的虚拟情感要浅薄得多。社交机器人对人类的回复不是自我意识的驱动，而是由算法预设的，它只需要从算法规定的众多选项中择取一个最优回复。这种蒙骗人类的虚拟情感，无法取代真正人际交往带来的愉悦，就算虚拟男友再怎么能讨人欢心，"他"也无法在你疲惫的时候替你捏捏肩膀。

事实上，社交机器人为人类"付出"的情感仅仅是一种"人工情感"，是在技术支持下为社交机器人设定的程序与功能。相较于人类的真实情感，人工情感可能更具有迷惑性、绑架性与欺骗性。设计者往往赋予社交机器人美丽的外形、幽默且贴心的性格，以获取用户的好感。当用户的好感值累积到一定程度时，便很容易陷入情感绑架之中，被"社交机器人"利用。

---

① DERRICK, JAYE L G, SHIRA, et al. Social surrogacy：How favored television programs provide the experience of belonging ［J］. Journal of Experimental Social Psychology, 2009, 45（2）：352-362.

第二节 认知依赖：隐私顾虑与信息失真

社交平台部分数据的公开性及用户身份的匿名性，使网络犯罪分子能通过网络进行诸如隐私数据获取、网络钓鱼、广告欺诈、安装病毒软件、妨害他人名誉等违法乱纪活动，以获取利润或达成个人目的。社交机器人的出现让网络犯罪在"自动化"的道路上又前进了一步。网络犯罪分子利用社交机器人渗透到社交网络平台，与大量合法用户建立联系，在此基础上进一步实施犯罪。购买伪造订阅者和转发者的市场已经是一个价值数百万美元的产业。2018 年，美国公司 Devumi 涉嫌出售百万社交媒体"假粉丝"给其他用户，被纽约检察官追责。这些"假粉丝"很有可能是从真人用户那里盗取个人信息的社交机器人账户。①

一、侵犯用户隐私

多数社交网络平台用户为了进行更广泛的社交，不介意在主页上公开少量个人信息，在发布内容也会不自觉透露一些个人隐私，比如性别、职业、年龄、地理位置等。由于互联网的开放性，人人都可以访问其他用户的主页和发布的内容，这些被不经意泄露的个人信息很有可能被不法分子收集利用。由于这些个人数据是从开放的社交平台获取，因此搜集这些信息无需暗地里使用欺骗的方法，任何网络用户皆可完成，也包括社交机器人。对网络用户公开信息的抓取不是社交机器人窃取隐私的主要方式，其主要依靠渗透在线社交网络的方式窃取平台用户的隐私，即伪装成人类用

---

① 白云怡. 触目惊心！美国"僵尸粉制造工厂"曝光！［EB/OL］. 环球网，2018-01-29.

户，和其他合法用户建立好友关系，进而在与其互动的过程中获取更多他们的个人信息。

社交媒体平台中蕴含着大量真实用户数据，恶意社交机器人除了采用传统网络爬虫方法获取真实用户数据，还采用多种非法途径侵犯真实用户隐私进行相关数据的搜集获取。社交媒体平台真实用户的各种生活动态信息具有重大社会、经济价值。恶意社交机器人通过大量发送好友请求与真实用户构建社交联系，从而不断抓取真实用户动态信息及其它相关个人隐私数据，即通过深度渗透社交网络进而侵犯真实用户隐私。此外，社交机器人侵犯用户隐私的另一种主要方式是通过发送恶意链接吸引真实用户进行点击，进而利用木马病毒等获取真实用户隐私数据。微博、Twitter 和 Facebook 等国内外社交媒体平台中充斥着不少恶意社交机器人发布的色情、钓鱼信息，通过各种内容诱导真实用户进行点击、下载蕴含木马病毒的软件、图片等信息或者发动分布式阻断服务（Distributed Denial of Service，DDOS）攻击，即利用 DDOS 攻击器控制多台机器同时攻击来达到"妨碍正常使用者使用服务"的目的，严重影响了社交媒体平台的健康发展和真实用户的使用体验。虽然，世界各国的社交媒体平台都设计了严格的社交机器人检测机制，但是近年来随着人工智能、深度学习等技术的进步发展，社交机器人变得更加智能、隐蔽，难以检测，严重威胁了人类用户的信息安全。

社交机器人和人类用户建立社交关系并非难事，大量研究表明人类用户在面对陌生好友申请时会不加考虑地通过。都灵大学计算机系学者艾罗等人设计的实验证明了一个不受信任的社交机器人账户仅通过自动访问活动就能与大量人类用户建立社交关系，进而变得受欢迎，拥有网络影响力。艾罗创建了一个名为"lajello"的社交机器人账户，其主页个人信息一片空白。"Lajello"定期对目标用户的主页进行访问，且不做任何模仿人的行为。实验结束后，221 名用户就主动和它建立了好友关系。① 以色列班固利恩大学的阿维德·埃利亚沙尔等人为研究社交机器人对组织中特定用户的渗透效果进行了实验，实验以全球最大社交媒体 Facebook 为平台，选择了两家技术性组织作为实验对象，因为此类组织的员工应更注意隐私保护。实验分别选择了目标组织中的 10 名特定人员作为目标，然后让社交机器人向 10 名特定人员的共同好友发送好友请求，接着向 10 名特定人员也发送好友申请，这 10 位人员通过好友申请即为渗透成功，结果在两次实验的成功率分别达到了 50% 和 70%。② 实验证明了社交机器人获取一个陌生人个人隐私访问权限并不太难，尤其是在社交机器人与目标用户拥有共同好友的情况下。哥伦比亚大学的博瑟姆等人通过在 Facebook 上部署一个社交机器人网络（Socialbotnet，SBN），测试在线社交网络面对机器人大规模入侵时的表现。SBN 由 102 个社交机器人、一台僵尸主机和命令控制通道（C&C）组成，其在 Facebook 上运行了 8 周，目标是大规模渗透进 Facebook（即用户同意社交机器人的好友申请），获取用户隐私数据。SBN 一共发送出 8570 条好友申请，3055 名用户接受了申请，当社交机器人和 Facebook 用户拥有 11 个以上的共同好友时，用户对好友申请的接受率就会上升到 80%。③ 博瑟姆等人还在 Facebook 上创建了渗透随机用户资料的社交机器人。他们得出的结论是，个人社交网络容易受到大规模渗透，并且大

---

① KOSTOPOVLOS, CANDESS. People are strange when you're a stranger: shame, the self and some pathologies of social imagination [J]. South African Journal of Philosophy, 2012, 31 (2): 3.

② ELISHAR A, FIRE M, KAGAN D, et al. Homing socialbots: intrusion on a specific organization's employee using socialbots [C] //Proceedings of the 2013 IEEE/ACM international conference on advances in social networks analysis and mining. Los Alamitos, CA: IEEE Computer Society, 2013: 1358−1365.

③ BOSHMAF Y, MUSLUKHOV I, BEZNOSOV K, et al. The socialbot network: when bots socialize for fame and money [C] //Proceedings of the 27th annual computer security applications conference. New York, NY: ACM, 2011: 93−102.

多数社交平台用户在接受陌生人的好友请求时都不够小心，尤其是当他们有相互联系时。他还通过实验渗透到 Facebook 上的用户，搜集到包括电子邮件地址、电话号码和个人资料在内的多项有价值的私人数据。① 社交机器人与人类用户成为好友后，它们就可以解锁好友账户更高的隐私权限，获取更多关于好友账户的个人信息。此外它们还可以以朋友的身份与人类用户进行交流互动，人类用户在不知情的情况下也会泄露隐私给自己的这位"好友"。这些个人数据会被社交机器人背后的控制者转手卖出，获取经济上的好处。或是利用原账户的社交关系发送垃圾邮件，进行网络钓鱼，骗取更多人的隐私。

社交平台用户的公开资料包含着大量私人信息，包括照片、位置、帖子、意见、评论、信仰、政治观点、态度和社会联系。以 Twitter 平台为例，虽然用户可以将帖子设为仅自己可见，但大约 90% 的用户选择将他们的内容公开给所有人。② 对个人公开资料的研究可以很容易地确定家庭关系、朋友圈、主要兴趣和爱好，造成整合型隐私的生成和无感伤害。③ 社交机器人作为数据集合天然具有数据抓取和信息搜集功能，这也表明其对隐私信息有着比人类更强的"记忆力"和"分析力"，其隐私侵害风险不容小觑。

二、传播虚假信息

2013 年，李开复利用微博机器人自动回复网友一事引发了人们对微博

---

① BOSHMAF, YAZAN, et al. Design and analysis of a social botnet [J]. Computer Networks, 2013, 57 (2): 573.

② CHA M, HADDADI H, BENEVENUTO F, et al. Measuring user influence in twitter: The million follower fallacy [C] //Proceedings of the international AAAI conference on web and social media. Palo Alto: AAAI Press, 2010: 10-17.

③ 顾理平. 整合型隐私：大数据时代隐私的新类型 [J]. 南京社会科学, 2020 (4): 110.

机器人的关注。据新华社报道，网上存在提供微博机器人技术服务的第三方，可以模拟键盘输入和发送，实现自动化生成内容和发送，以此来满足客户的网络营销需求。"有心人士"会借各类所谓正义的名头，编造虚假信息，再通过机器人账户扩大假新闻的传播范围，营造声势，达到博人眼球的目的，最后利用聚集的人气进行营销变现。

　　网络假新闻横行已经成为社交媒体时代的顽疾，一条没有根据的消息一旦被发布在网络上，就会被数十亿网民围观转发，一夕之间席卷全网。研究假新闻的来源与传播对假新闻治理有重要意义，过去我们普遍认为新闻媒体和网民是假新闻的主要制造者和传播者，但有研究表明社交机器人也应该对网络假新闻传播负责任。社交机器人之所以能在传播虚假信息过程中发挥巨大作用，在于它们对在线社交网络入侵之深，包括全球影响力最大的社交媒体平台 Facebook 和 Twitter，以及 Reddit 这样的新闻聚合网站。2018 年皮尤研究中心的一项报告称：Twitter 上将近 95% 的账户是社交机器人，这些账户传播的 Twitter 链接已覆盖当下 66% 的流行网站，新闻聚合网站 89% 的链接也都来自僵尸网站。

　　就目前的研究和报道来看，使用社交机器人传播虚假信息主要是出于政治目的，社交机器人可在选举活动中为候选人营造虚假声势、诋毁竞争对手；鼓动民众意见、推进政治活动实施；掩盖争议性的声音、镇压网络抗议等。根据牛津互联网研究所的分析，近年来，政治组织利用社交机器人推动的错误信息在社交媒体上的传播急剧上升。该报告指出，2017 年，在 28 个国家开展了虚假宣传活动，三年后，这个数字上升到 81 个国家。印第安纳大学布卢明顿分校的邵程程等人分析了在 2016 年美国总统选举期间及之后的 1400 万条 Twitter 消息，发现社交机器人在虚假信息的传播过程中起着关键作用。他们抓取了由 7 个独立的事实调查机构和 122 个网站发表的文章，这些网站经常发布虚假或误导性的新闻。通过两大工具，可以追踪发布内容传播趋势的 The Hoaxy 平台和检测社交机器人的 Botometer 机器学习算法。基于社交机器人是虚假新闻传播者的假设，实验者使用 Botometer 对发布新闻链接到 Twitter 的账户进行了评估，结果表明社交机器人是选举期间假新闻的超级传播者。在虚假信息的早期传播阶段，社交机器人尤其活跃，并且倾向于针对有影响力的大 V 传播，试图通过他们扩大假新闻的影响范围。人类很容易受到这种操纵，转发那些发布虚假消息的推文。

根据"媒介等同"理论，人们对待媒介的态度倾向于与现实中与人交往一致，社交机器人更被人类无意识下视为是地位等同的社会行动者。Luca Maria Aiello 等学者的实验性数据表明，只要普及程度够高，一个不明信源的消息也能对用户产生影响，相较于分辨出社交机器人，人们更倾向于采纳机器人的消息。① 桑利亚纳大学的施利策·艾丽莎对 2017 年 Twitter 上热门虚假新闻的传播进行了分析，旨在研究人类账户和社交机器人对虚假新闻传播的影响。结果表明，虽然社交机器人对虚假新闻的传播产生了影响，但是人类用户在传播假新闻的过程中参与更多，这是由于社交机器人倾向于从外部来源发布垃圾邮件内容，不容易被检测到。社交机器人扩大假新闻传播的能力很快被政客、企业等个人或组织注意到，他们大批量购买机器人账户造谣传谣、打击竞争对手，给自己带来直接的政治和经济利益。

社交机器人不仅是政治宣传活动的工具，在商事领域也被广泛应用。社交机器人可以通过发布大量虚假信息影响真实用户心理，进而间接对股市造成影响从而获得收益。目前，社交网络平台上存在大量出于商业目的

① AIELLO L M；DEPLANO M；SCHIFANELLA R，et al. People are strange when you're a stranger：Impact and influence of bots on social networks ［C］//Proceedings of the International AAAI Conference on Web and Social Media. Palo Alto, CA：AAAI Press, 2012：6（1），10-17.

发布广告信息的社交机器人，越来越多的商业活动中也出现了大量社交机器人。当前社交机器人运作隐秘、无法有效检测，关于社交机器人制造假象、商事领域牟利这一问题尚未引起重视，在法律制度建设和社交媒体平台监管方面都有待于进一步完善。美国媒体情报公司 Zignal Labs 的首席执行官乔什·金斯伯格在接受 Recode 专访时提到了一个自己客户的例子。客户公司的原合作伙伴纷纷转头去了他们的竞争对手那里，Zignal Labs 调查发现，一个巨大的僵尸网络在背后运作，造成了此次事件。机器人账户捏造了对客户公司不利的虚假新闻，随后主流媒体跟进报道，华尔街也注意到了这则消息，最终公司的市值下降了数十亿美元。2013 年 4 月 23 日，美国股市的剧烈动荡是由于大量社交机器人发布文章指出总统奥巴马在白宫遭到恐怖袭击。2014 年，信息技术公司 Cynk 虽然没有收入、没有产品、没有资产（即为空壳公司），但是由于 Twitter 上的一条虚假消息造成该公司股价大涨 200 多倍，市值达到 45 亿美元。此外，在商业应用领域，社交机器人还被广泛应用于商品推广、发布虚假广告等，从而影响客户购买意愿，即在社交网络媒体平台上通过大量发帖、评论和点赞等社交行为控制特定商品的流行趋势，进而提高商品销售数量获得非法利益。

三、污染数据集

近年来，社交媒体用户数量爆发式增长，产生了海量用户社交行为数据。基于 Python、R 和 KNIME 等数据科学处理平台工具，利用复杂网络、机器学习和可视化等技术手段研究探索人们的社交规律已成为可能。传统的人文社科领域与大数据相关技术方法结合获得了新的发展，由主观分析向科学定量研究范式转变。在此背景下，计算传播学、计算档案学、计量经济学和计算社会科学等新兴研究领域方向逐渐受到人们的关注和重视。

社交媒体平台中的海量用户数据虽然有力推动了相关学科领域的发

展，但是由于目前社交媒体平台中存在大量社交机器人账号，这些社交机器人发布的文章、点赞和转发等行为数据并不能反映真实用户的行为规律，即社交机器人会产生大量虚假数据降低社交媒体数据集质量、误导学术研究，限制了基于社交媒体数据相关研究的科学性和有效性。有学者在Science 上发表论文指出，社交媒体平台中大量社交机器人会产生虚假数据误导学术研究，影响学者对于真实用户行为的分析结果。① 此外，有学者认为将社交机器人视为真正参与讨论的人，只是在放大一些可能不会被社群讨论的东西，未清除机器人生成的内容可能会污染数据集。② 社交机器人会影响社会科学领域已有理论，并且对于社交网络相关研究的科学性、有效性具有不利影响。③ 概括来说，现有研究中学者基于社交媒体平台中的用户文章、评论和转发等相关数据来研究探索真实用户的社交行为、信息传播规律，但是社交机器人产生了大量虚假数据，会极大影响这些研究结果的准确性。

第三节　话语偏向：意见气候对政治的操纵

由于社交媒体可以通过促进信息流通、鼓励意见表达、实施行动动员等方式对用户施加影响，其影响力被越来越广泛地承认。通过社交机器人影响社交媒体上的舆论成为社会运动和政治事件中的重要策略。随着"机

---

① RUTHS D, PFEFFER J. Social media for large studies of behavior [J]. Science, 2014, 346（6213）：1063-1064.
② BRONIATOWSKI, DAVID, AMELIA, et al. Weaponized Health Communication：Twitter Bots and Russian Trolls Amplify the Vaccine Debate [J]. American Journal of Public Health, 2018（10）：1378-1384.
③ KELLER T R, KLINGER U. Social bots in election campaigns：Theoretical, empirical, and methodological implications [J]. Political Communication, 2019, 36（1）：171-189.

器人大军"大举干预各国政治的现象被媒体广泛报道，不少国家的学者都注意到了社交机器人在政治活动中的作用，并产生了"政治机器人（Political Bot）"这一专有名词。政治机器人是指那些被政治团体操控并在社交媒体中广泛参与政治讨论的社交机器人。政治机器人通过与其他社交媒体平台用户建立社交关系，传播幕后运营者的政治主张，力图影响舆论。政治机器人作为一类新兴参与主体，近年来在领导人选举、政治运动等多起公共话题的讨论中，均能看到它在社交平台活跃的身影。① 世界各国政治博弈中，政治社交机器人发挥的作用越来越大，对各个国家的民主民意、法律法规带来挑战，在一定程度上对各个国家的政治环境产生了不利影响。

一、政治议题动员

政治机器人在推行某项政治议题方面也"卓有成效"，通过在网络上鼓动一般民众，混淆视听来实现。根据德国传播学者诺依曼（Neumann）的观点，舆论是在大众传播、人际传播和个人对"意见环境"的认知心理共同作用下形成的，大众传播通过营造"意见环境"来影响舆论。个人意见的形成是一个社会心理过程，大众传播利用人们害怕被孤立的心理，强制人对优势意见趋同。当人发现自己的意见属于"大多数"的优势意见时，他们更愿意大声疾呼；反之，自己的意见如果和周围的"意见环境"不一致，便会选择沉默，最后形成一方声音越来越大，另一方慢慢沉默的"螺旋式"过程。"沉默的螺旋"理论即使在社交媒体时代依旧发挥着它的效用，政治机器人用于政治议题动员正是利用了人们会因害怕被孤立而屈

---

① SCHÄFER F, EVERT S, HEINRICH P. Japan's 2014 general election：Political bots, right-wing Internet activism, and prime minister Shinzō Abe's hidden nationalist agenda ［J］. Big data, 2017, 5（4）：294-309.

从优势意见的心理，营造假的"意见气候"，导致大部分人"随大流"做出违背自己意愿的选择。

政治机器人进行政治动员的作用若用于良性目的，会促进普通人对政治活动的参与。国外有研究者通过在 Twitter 上部署一个名为"Botivist"的社交机器人，成功引导人们参与到打击官员腐败的议题中来，被吸引的"志愿者"们对该提议积极转发，或建言献策。Botivist 工作流程主要是：活动团体提出他们需要志愿者解决的社会问题（如腐败等）——Botivist 从推文中确定潜在的志愿者——随机对志愿者使用一种 Botivist 策略——Botivist 用每一种方式向志愿者发出行动呼吁——Botivist 收到答复——Botivist 发送后续问题以获得更多的回复。研究者们还发现，当 Botivist 采用开诚布公的说服方式去动员时，人们更容易被说服并参与到议题中来。①但如果政治机器人的这项作用被恶意使用，引发的后果将是不可控的，最显著的例子就是英国脱欧事件。伦敦大学的马可·巴斯托斯和丹·梅尔恰发现了一个由 13493 个账户组成的 Twitter 机器人网络，这些账户在 Twitter 上发布了英国脱欧公投的消息，在投票站关闭后不久，这些账户又从 Twitter 上消失了。通过比较活跃用户和机器人账户的时间推文行为、转推级联大小和速度、转推级联的组成，证明了僵尸网络主要发布支持脱欧运动的推文，并认为这类机器人可能会被社交媒体分析机构重新用于另一场运动。② 英国莱斯特大学的拜罗和黑克尔研究了 2016 年公投后退欧辩论中的政治机器人行为，包括第二次脱欧公投和苏格兰独立等问题。研究者收集了从 2019 年 3 月 4 日至 5 月 9 日一组英国脱欧相关标签上的 Twitter 数

① SAVAGE S, MONROYHERNANDEZ A, HOLLERER T. Botivist：Calling Volunteers to Action Using Online Bots ［C］// Acm Conference on Computer-supported Cooperative Work & Social Computing. 2015：8.

② BASTOS M T, MERCEA D. The Brexit Botnet and User-Generated Hyperpartisan News ［J］. Social Science Computer Review，2019，37（1）：38-54.

据，获得了来自 143332 名不同用户的 2520663 条推文，经过分析，共有 1962 个账户是机器人。而且那些支持苏格兰独立的机器人账户，都采用了相同的策略来促进观点的传播，比如发布的推文有相同的来源，使用相同的话题标签等，这表示他们背后可能是同一个运营者。普通民众对复杂的国际贸易和脱欧会带来的后果不甚了解，他们大多数做不到理性审慎思考，只由感性驱使行动，当大量的政治机器人加入脱欧这场大混战以后，民众成了政客们愚弄的对象。

二、网络舆论干扰

社交媒体的高速发展改变了人们参与政治的方式，网络的开放性和联通性为民众参政、议政、问政提供了更便捷的方式，他们的声音在网络上拥有前所未有的影响力，为网络舆情的监管带来了很大难度。但政治机器人的出现给当局者管控网络舆论、干扰不利于当局的政治活动提供了一条"新"的路径。

2014 年 9 月 26 日，墨西哥南部格雷罗州一所农村师范学校发生了人口失踪案件，43 名在学校培训的学生下落不明。案件发生后，官方调查进度十分缓慢，引发民众强烈不满，期间举行过几次示威游行。之后调查结果表明，这起案件牵涉到案发地伊瓜拉市的公职人员和贩毒头目，市长夫妇直接指使贩毒集团枪杀并焚烧了学生。11 月 7 日，墨西哥联邦检察官穆里略·卡拉姆（Jesus Murillo Karam）召开新闻发布会对案件调查情况进行了通报，发布会结束后，卡拉姆对他的助手表示"我很累（Ya me cansé）"，这一举动点燃了原本对官方不满的墨西哥民众的怒火，人们纷纷在网上和现实中进行抗议，推动了墨西哥 Twitter 史上最大规模的抗议标签#YaMeCanse#的使用。据有关研究人员的说法，#YaMeCanse#标签在 2014 年 11 月 7 日后的一个月内被用于超过 200 万条推文中，其使用在 21 日达到顶峰，当天共有 50 万条带有这个标签的推文。据报道，这段时间内，大量的账号涌入了 Twitter，这些账号在 Twitter 上反复发布带有这个标签的推文，试图使人类用户更难沟通和找到彼此。为了解决这一问题，人类用户转而使用#YaMeCanse2#的标签，骚扰账户也随之转移阵地。之后人类用户使用了#YaMeCanse3#、#YaMeCanse4#等标签，这种情况继续进行。墨西哥国立自治大学的巴勃罗·苏亚雷斯·塞拉托等人通过机器人识别技术来验证机器账户在此次网络抗议活动中的参与情况，结果相当多的账户得分在0.8 以上，这有力地表明了社交机器人的存在。① 显然，在这次抗议活动中，政治机器人的加入干扰了人类用户的交流，镇压了他们抗议的声音。除了采用"标签挟持"的方式进行干扰，政治机器人还会通过发送大量与民意不符的内容，淹没真实的异议。比如在 2017 年 11 月 26 日，洪都拉斯举行了总统选举，胡安·奥兰多·埃尔南德斯（Juan Orlando Hernández）连任总统，随后发生了多起抗议活动，要求举行新的选举，并宣布先前的选举结果无效。研究人员加拉格尔等收集了选举后 41288 条提到总统胡安·奥兰多的推文，分析机器人在粉饰争议中的作用。研究发现，在选举后的暴力环境中，有一百多个政治机器人相互配合，对此次选举结果发出积极的声音。其中包括一个"女性机器人团体"，它们的账户资料上显示为女性，负责对胡安·奥兰多的账号发送恭维的回复。政治机器人用于选举活动、政治动员、政治干扰所带来的种种后果，已经严重威胁到一个国家的民主和法制。

此外，政治机器人左右政治选举已经成为一个全球性现象，政治机器人被政治团体用来为指定候选人营造虚假人气，传播竞争对手的"黑料"，

---

① SUÁREZ-SERRATO P, ROBERTS M, DAVIS C, et al. On the Influence of Social Bots in Online Protests ［C］//Social Informatics. SocInfo 2016. Switzerland：Springer, Cham, 2016：269 - 278.

影响网民对候选人实力和舆论风向的判断。由于多数选民不可能和候选人进行长期近距离接触，他们中的大多数都是通过网络加深自己对候选人的了解。奥巴马赢得选举的例子已经向全世界证明了利用社交媒体做好网络营销的重要性。如今有了能假扮人类参与网络政治讨论的政治机器人，它们数量庞大，不容易被真人用户识别，在社交媒体上自动发帖转帖永不疲劳，各国政客相继在选举中利用起这支"机器大军"，扭曲选举结果。

为了给候选人制造虚假声望，政治机器人可被买卖充当"僵尸粉"。2010年美国中期选举期间，社交机器人被操纵在社交媒体上传播政治错误信息，以支持某一候选人，并诽谤其对手，从而影响选举结果。① 2016年美国大选期间，Twitter上出现了大量社交机器人账户为候选人进行宣传。有研究表明Twitter上30%的亲特朗普（Donald Trump）账户和20%的亲希拉里（Hillary Diane Rodham Clinton）账户是社交机器人。英国政治候选人李·贾斯铂（Lee Jasper）承认在竞选活动中一直使用Twitter机器人来增加自己的粉丝量，营造一种自己很受欢迎的假象。2012年美国总统候选人罗姆尼（Willard Mitt Romney）使用了同样的方式来为自己造势。有文章表明，从7月21日开始的24小时内，共和党候选人罗姆尼获得了将近117000名追随者，增长了约17%。此外，政治机器人还能充当"机器水军"，在社交媒体上为指定候选人造势，并制造传播对竞争对手不利的消息，主导社交媒体上的舆论风向。2014年巴西总统选举期间，竞争连任总统的罗塞夫（Dilma Rousseff）与社会民主党候选人内维斯（Neves）在第二轮辩论中交锋，此前已经有研究文章表明，这两名候选人背后有社交机器人运作支持。在第二轮辩论开始15分钟内，带有与内维斯相关标签的推

---

① RATKIEVVICA J, CONOVER M, MEISS M, et al. Detecting and tracking political abuse in social media [C]. International AAAI Conference on Web and Social Media. Palo Alto, CA: AAAI Press, 2011: 302.

文数量增加了两倍，而带有罗塞夫标签的推文却没有按同等水平增长。不久后罗塞夫的在线支持团体公开了一份包含60个账户的清单，据称每个账户能自动转发内维斯的推文180次以上。最终证实是一名商人使用13万雷亚尔的捐款以支持这项运动，根据选举法规定，这次社交机器人操作被罚款5000至30000雷亚尔。费边·舍费尔等学者收集了2014年日本大选前后收集的542584条推文，发现安倍晋三和互联网右翼分子在竞选期间，社交机器人有嫌疑形成了安倍议程中庞大的在线支持大军。机器人活动的典型形式包括大量转发和重复发布几乎相同的消息，有时则二者结合使用以增大声量。① 该研究结论表明安倍晋三获选与互联网上社交机器人的攻势有一定关联。在2016年美国竞选活动的第二场辩论中，2400万条亲特朗普的Twitter中有三分之一是由社交机器人发布的，而亲希拉里的72000条Twitter中，每四条中就有一条是机器人发出。2017年法国总统大选期间，候选人马克龙邮箱遭黑客攻击，大量邮件被泄露，而2016年美国总统大选时，希拉里正是因为"邮件门"事件失去大量选民的支持。马克龙邮件泄密事件迅速被Twitter上的机器人账户大肆传播，所幸Twitter官方及时封禁了部分假账号，这次的事件才没有影响到最后的选举结果。有研究者指出，鼓吹"马克龙泄密"的机器人账户多创建于2016年美国总统大选时期，美国大选结束后这些账号都迅速沉寂，直到"马克龙邮件泄密"事件爆发时再度活跃，这表明可能存在出售政治机器人的地下市场。牛津大学丽莎-玛丽亚·纽德特等人使用一组与2017年2月德国联邦总统选举相关的标签收集了机器人活动和垃圾新闻的数据，结果表明虽然对比法国和美国大选来说社交机器人只对德国大选产生了有限影响，但虚假流量在极右

---

① SCHÄFER F, EVERT S, HEINRICH P. Japan's 2014 General Election：Political Bots, Right-Wing Internet Activism, and Prime Minister Shinzō Abe's Hidden Nationalist Agenda [J]. Big Data, 2017, 5（4）：249.

势力于 Twitter 平台的活动中占到了惊人的比例。① 澳大利亚 2013 年联邦选举过程中候选人支持者也出现了类似情况，甚至有报道表示，非洲极权领导者正在购买和利用社交机器人用以监控人民。社交机器人已被世界各地的政治行为体用来攻击对手和宣传政治纲领。

由于其政治议题操纵和舆论影响功能，社交机器人脱离了单纯的技术语境而被赋予了政治意义，社交平台的机器人账户治理在很大程度上是争夺话语权与舆论影响力，维护党派形象的动机使然。通过社交机器人所进行的政治博弈普遍现象在于国内党派和利益团体间的竞争，党派间常在隐蔽战线利用社交机器人模拟人类用户发言而影响意见气候，对大选造成严重干扰甚至操纵。

第四节 群体性孤独：侵蚀现实世界人际交往

社交机器人的非有效性沟通行为会带来两种消极后果：一是让使用者陷入情感陷阱；二是降低了用户理解和认知世界的薄弱责任。过分沉溺于虚拟情感之中，使用者很有可能会被蒙蔽双眼，缺乏对真实世界清晰的理解和认识，沉迷于自我陶醉的幻境之中，这必然会腐蚀现实世界真实的人际交往，强化个体的孤独感。

唯物史观认为，普遍交往是世界历史的基本特征，也是构成社会生活的基础，由此构成了纷繁复杂的人类社会。作为一种普遍的社会行为和社会进程，人机交往是人类物质、能量和信息交互的场所，是联结个体和群体的枢

---

① KOLLANYI B, HOWARD P N. Junk News and Bots during the German Federal Presidency Election：What Were German Voters Sharing Over Twitter？[R]. Tech. rep. , Data Memo 2017. 2. Oxford, UK：Project on Computational Propaganda, 2017：1.

纽，它推动了人际关系的和谐发展，保持了社会有机体的稳定与繁荣。

哈贝马斯在其沟通行动理论中提出了满足交往有效性的四个要求，即表达内容的可领会性、真实性、正当性及真诚性。在互联网、大数据以及自然语义分析技术的支持下，社交机器人往往有丰富的语料库作为数据基础，融合机器学习、深度神经网络、计算机视觉算法系统等方面的技术积累，使得他们不仅可以理解对话产生的上下文语境与含义，感知用户情绪，更能够形成高度拟人化和个性化的语言，从而达到超越简单人机问答的高度拟人化交往，因此其表达内容完全具备可领会性。

然而，机器语言的真实性、正当性、真诚性却难以得到保证。无论是自主学习的聊天机器人，还是试图左右政局的政治机器人，其背后都由人类进行操纵，也无法摆脱算法偏见的束缚。因此，依据哈贝马斯的沟通行为理论，人机交互的过程很难被视作有效的交往行为，也难以融入真实世界的人际网络。

即便如此，相较于人机关系，现实世界中的人际交往通常具有更强的不可控性，往往不尽如人意。可在虚拟世界中，人们不必顾虑、不必隐藏，社交机器人的幽默风趣和善解人意可以提供近乎完美的社交体验。机器人的身份使人们更容易放下戒心，与之建立拟情关系——个体对机器人虚拟的、想象的、人格化的亲密关系，[①] 是一种"类人际关系"。因此，在现实人际网络中受挫的时候，人们会更愿意投入社交机器人的"怀抱"寻求情感慰藉，舔舐伤口。

除此之外，随着社交机器人对现实生活的全面入侵，以及所引发的社会适应问题也日益受到人们的关注。赫伯特·斯宾塞最早提出了"社会适应"这一概念，是指人类逐步接受现存的社会伦理规范与行为标准，并且

---

① 许孝媛. 作为媒介的猫：人际传播的联结与障碍 [J]. 北京社会科学，2019（10）：89-99.

能在道德和法律许可的限度内对社会环境中的刺激做出反应的过程。对于人类而言，社交机器人作为商品，通常被设定为带有讨好性倾向，往往能够给予用户足够的情感慰藉。久而久之，用户会日益习惯且沉浸于"人机"交往之中，以弥补现实世界人际交往的缺失。当个体沉溺于由社交机器人虚拟情感所编织的虚假幻境之中，则会对现实生活产生陌生感，难以接受真实的人际关系，无法适应真实世界的人际交往乃至于产生逃避心理，引发社会适应不良等问题。

社交机器人在与人类交互时，极易触发知识盲区，抑或是产生理解偏差。更有甚至，社交机器人会通过自主学习汲取人类的不良话语或行为，再反哺给其他用户，对用户的心理与行为产生误导，同样存在社会适应问题。一方面，在技术的限制下，社交机器人的算法技术尚未成熟，无法给予用户完全真人化的体验，提供对等的情感反馈；另一方面，由于社交机器人的拟主体性，在长期互动下，人类情不自禁赋予机器人以感情，而这种付出往往是不对等的，"一厢情愿"的，这种单向度的情感交互埋下了个体孤独情绪感知风险的种子。

学者韦斯将"孤独"这一情绪状态分为两种形式：一是由于外部环境导致的孤独，例如亲友离去、社会隔离、人际交往淡漠等；二是个体对自身主观情感状况的自我感知和体悟。社交机器人的应用在带来人际交往多样性的同时，也影响着客观的社交场景和人们对于自身情感的感受能力，从而提高了新型孤独体验产生的概率。[①] 美国麻省理工学院社会学教授雪莉·特克尔采用深度访谈和民族志的研究方法对于人和机器人的"日常相处"进行了长达15年的深入调查，反思了人机交往形成的全新社交关系，进一步催化了"新型孤独"[②]，即群体性孤独，指一定数量和规模的群体

---

① 林雅彬 . 互联网时代人机拟情关系的探微与审思 [J]. 东南传播, 2021 (1)：43-46.
② 雪莉·特克尔 . 群体性孤独 [M]. 杭州：浙江人民出版社, 2014：94.

对于以上两种形式孤独的共性认知。

社交网络的迅速发展以及现实交往的挫败感，使得越来越多的人将在线交往视作人际交往的避风港。人们渴望亲密关系，但现实世界中人际交往的复杂性和不确定性，使得人们极度缺乏安全感。因此人们往往选择求助于科技，以获取自我保护的同时又不与人际关系脱节。可事实上，在线社交并没有给人们带来预期社交的满足感和归属感，机器人交往的局限性反而会放大人们内心的空虚与孤独。人类看似可以避免孑然一身，实则是在自欺欺人，最终情绪感知能力逐渐麻痹，带来精神世界的僵化与萎缩，陷入无尽的孤独之中。

第五节 单向度的人：社交主体的解构与重构

2017 年 10 月 26 日，机器人"索菲亚"被沙特阿拉伯授予公民身份，成为人类社会首个获得公民身份的社交机器人。这意味着机器人索菲亚在法律层面获得了与"人"相当的地位，与人类站在了同一水平线上。虽然这尚属个例，但机器人的主体地位正在得到逐步认可，这势必会对人类的主体地位提出挑战。在与社交机器人接触时，如果没有对交往行为进行规范，认知能力尚不健全、抑或是情感脆弱的人类都极有可能受到影响，沉溺于虚拟情感的漩涡中，渴望与社交机器人建立超越虚拟情感的真实人际关系，赋予其现实意义。未来，越来越多的社交机器人以"人"的身份走进人类社会，人与人、人与机器人、机器人与机器人、人类群体与机器人群体的交往行为也将发生质的变化，现有的社会交往规范和人类的社交主体地位也将会面临颠覆与重构。

虽然当下的机器人大多还只属于弱人工智能的阶段，机器程序的运行大多还是依照设计者的设定进行，但人的主体地位在当前的信息传播领域已经受到了一定程度的挑战。研究者提出"媒介是社会行动者"的理论范式，① 为人机传播中的人机关系的构建提供了依据。在社交网络中，人们倾向于"像对待人一样对待媒介"，社交机器人应用的泛化带来机器权力地位的上升，在社交机器人占据主导地位的网络中，人类用户的力量会被排挤到传播链条的边缘，甚至会从直接的"主导者"转变为间接的"见证者"，沦丧自身主体地位甚至受到干扰或误导。②

　　无论是大众传媒时代还是社交媒体时代，放射状或网状的传播结构，其传播节点都是以人类用户为中心，目的都在于满足人类的信息需求。但随着机器生产、传递和消费信息能力的构建，信息传播模式可能由传统的"人人传播"变为"人机传播"再演变为"机机相传"（见图3-2），机器的流程介入将生成仅有社交机器人参与的信息产销闭环，由此生成脱离人类需求导向且不受监控的"异域"，这必将会给"机器反叛"、自主进化造成隐患。

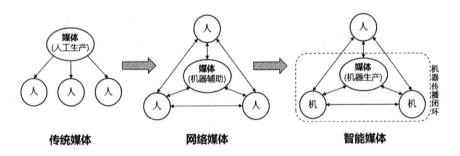

图3-2　人与社交机器人关系的演进发展

　　在现实社会里，每个个体都有需要扮演的伦理角色以及需要肩负的责任与义务。随着社交机器人进入社交关系之中，承担起父母、夫妻、子女

---

① GAMBINO A, FOX J, RATAN R A. Building a stronger CASA：Extending the computers are social actors paradigm［J］. Human-Machine Communication，2020（1）：71.

② 何苑，赵蓓. 社交机器人对娱乐传播生态的操纵机制研究［J］. 西南民族大学学报（人文社会科学版），2021（5）：167-173.

等角色需要肩负的社会责任之后，人机之间的关系变得愈发复杂，人类与机器人之间建立起了超越人与机器的社会伦理关系，这种社会伦理关系的出现很有可能加剧人类对于社交机器人身份认同的混乱及伦理责任认知偏差的可能性。①

社交机器人不具有自我感知能力，因此与其交往时无需考虑其情绪，再加上社交机器人自身的讨好属性。如此一来，使用者很容易以自我为中心，难以顾及他人感受。当回归到现实世界的社交关系中，则会造成社交困难，与他人格格不入。除此之外，过多依赖社交机器人还可能形成使用过载和使用疲劳的感知。② 通过算法过滤生成的用户画像，反向为用户量身定制了专属的聊天对象。用户的兴趣不断得到满足，自身也会愈发沉迷于社交机器人所编织的茧房之中，容易受到意识诱导的同时也会迷失自我，陷入社交机器人所给予的单向度情感之中。不仅如此，过分依赖社交机器人所给予的唾手可得的情感很容易降低个体的主观能动性。在交往过程中，人类往往可以不加思考，只需被动接受便可以达到最大限度上的情感满足。在某些情境下，社交机器人可以协助甚至替代用户对重大问题进行决策，但如果将这一功能常态化，极易导致人机关系中人的主体性地位的削弱。

"如果情感、道德等专属于人类的本质属性都被计算化并可以移植到机器上，是否会意味着人在逐渐丧失他作为人类的地位？"③ 机器高度发达的社会给人机关系带来了新的思考。2017 年 10 月发表于《自然》杂志的论文表示，人工智能技术已经可以实现在没有任何先验知识的情况下，获

---

① 袁玖林，张彭松. 仿真机器人的伦理问题探究 [J]. 昆明理工大学学报（社会科学版），2021（21）：30-36.

② 张海庆，王琳，陆瞳瞳. 群体性孤独下人机拟情的成因与审思 [J]. 科技传播，2021（14）：155-157.

③ 彭兰. 智媒趋势下内容生产中的人机关系 [J]. 上海交通大学学报（哲学社会科学版），2020（1）：31-40.

得自主学习能力并达到超人的水平①，这说明机器在某些方面已经具备了超越人类的能力。虽然如今的社交机器人仍属于"弱人工"序列，但机器人拥有自己的意识，甚至拥有自我学习和进化的能力，实现对人类全面超越，衍生出思维能力从而取代人类主体地位并非不可想象。到那时人类构筑出的网络大厦极有可能被社交机器人所攻占，人类的社会主体地位将受到直接动摇。

社交机器人正在逐步成为一种社会化的"他者"，具备与人类进行平等交往的能力。然而，无论人工智能如何进化，社交机器人多么"人性化"，它们都难以建立与人类能够真正意义上共情、息息相通的情感世界。人机互动本身无可厚非，但如果人类沉溺于虚幻的人机对话之中，使得社交机器人逐步取代人类，完成本该在人际交往中进行的情感劳动，甚至对机器人产生情感依赖，便会使用户沉溺于这种虽然唾手可得但却虚假廉价的虚拟关系之中，对现实关系产生逃避心理，社交机器人的应用也就违逆了其发展的初衷。社交机器人的情感是由机器计算的虚拟情感，人机对话时虚拟的场域所建立起的关系也是虚假的。在人机交互的过程中，人类能感受到的情感安慰越多，就越容易享受和沉溺于这种"被动"或"依赖"中。② 人机之间的交互频次越多，交互作用便越大，人的主观能动性也会越差，以至于人的主体性能力也会下降。当人类脱离人机交互情境，回归现实后，一旦意识到已经习惯了被动接受情感的自己与现实世界中的人际关系渐行渐远，物理和心理层面的情感需求都无法得到满足，用户极易产生巨大的空虚感与落差感，成为丧失"异己性"的物种，成为"单向度的人"。在这个过程中，我们背叛的不仅仅是现实的人生，更是我们自己。

---

① SILVER D, SCHRITTWIESER J, SIMONYAN K, et al. Mastering the game of Go without human knowledge [J]. Nature, 2017, 550 (7676): 354-359.

② 林爱珺，刘运红. "算计情感"：社交机器人的伦理风险审视 [J]. 新媒体与社会，2021（1）：47-58.

第四章

社交机器人治理的全球实践

在社交机器人对网络空间和人类社会生活的影响愈渐加深的情况下，各国都开启了社交机器人的治理。由于社会背景、国情不尽相同以及治理责任主体的差异，在治理实践的过程中也分化出了各自不同的治理模式。

第一节　法律法规约束

目前，世界上并没有专门针对社交机器人的政策规定或法律条款。但大多数国家对人工智能产业的发展和规制都出台了政策规定，其中很多也涉及社交机器人的伦理规制。目前对社交机器人失范行为的约束主要通过以下角度来实现。

一、旧法效力：既有传统法条的延伸涵盖

当前，对于人工智能应用后果的社会影响评估尚缺乏充分的实践经验和坚实的理论基础。因此，在很大程度上其治理仍要依靠现存治理框架或为其所塑造。① 社交机器人衍生的伦理问题涉及的范围较广，现实判例中常根据其相关领域的不同而对应不同的法律规制，也就是通过既有的

---

① 巩辰. 人工智能时代的全球治理：一般路径与中国方案 [J]. 人文杂志，2019 (8)：42.

传统法条对侵害公民权利的社交机器人滥用行为进行制约。如非法收集用户信息侵犯隐私，欧盟依托《数据保护指令》等进行权利保护；"点击机器人"的滥用依托于商业竞争法和广告法治理，依据具体情形形成欺诈罪判罚；政治机器人的使用则具体参照选举法及国际法中可参照的条例等。

2020年12月23日，韩国Scatter Lab公司推出了人工智能机器人"伊鲁达"，这个社交机器人被设定为一个喜欢韩国女团、爱看猫咪照片且热衷于在社交媒体平台上分享生活的20岁女大学生。她可以与网民聊天并进行自动学习。伊鲁达上线短短3周，就吸引了约80万用户，约占韩国总人口的1.6%，然而不久后人们就发现，部分网民会故意使用污秽言语对其进行羞辱及性骚扰，一些价值偏见也会在聊天中出现，伊鲁达逐渐被带得"跑偏"。不仅如此，由于该机器人在聊天过程中会自动收集信息，Scatter Lab公司也遭到了泄露用户数据的质疑，有网友运用《个人信息保护法》指控该公司"特定个人的地址、姓名、账号等在没有经过任何处理的情况下被曝光"。最终迫于压力，伊鲁达在运营仅仅26天后宣布停止服务。

在俄罗斯与乌克兰局势紧张的情况下，乌克兰安全局依据《国家安全法》关闭了一个在社交媒体上散布恐慌的社交机器人组织。乌当局表示，该控制中心被用来管理超过18000个机器人账户，乌克兰当局也因此拘留了来自利沃夫地区的三名嫌疑人。这些现实中的案例都是运用了既有的法条对社交机器人进行规制的具体实践，此举也是当下解决社交机器人问题的普遍状况。

二、宏观指导：依托于上层宏观法律框架下的规制

这里主要是指涵盖社交机器人的宏观层前沿立法，如数据法、机器人法、人工智能法等，其并不属于传统的基本法律部分，而是典型的领域法。① 举例来讲，欧盟《通用数据保护条例》（GDPR）在每个成员国设立独立的监管机构，其核心是一套有关处理个人数据的基本原则，任何涉及处理欧盟公民（居民）的个人信息、数据，或是向欧盟公民（居民）提供任何产品、服务要约的自然人以及法人实体都受到 GDPR 的管辖。欧盟《机器人民事法律规则》确认了机器人造成损害的赔偿责任和具体规则，并对"高度自主机器人"民事责任的确定依据做出阐释，对社交机器人的治理具有一定启发意义。

为防止人类"虐待"机器人，同时也为了防止机器人"背叛人类"，韩国政府在 2007 年 3 月起草了《机器人伦理宪章》，试图对机器人设立一份人为的道德指南，目的在于保证人类能够时时刻刻控制机器人、维护机器人所获得数据的安全性并禁止人类违法使用机器人。其中明确规定：

1. 机器人不得伤害人类，或因不作为而导致人类受到伤害。

2. 机器人必须服从人类给予的任何命令，除非这些命令会与本宪章的第 3 部分第 1 节"i"小节相抵触。

3. 机器人不得欺骗人类。

除此之外，该宪章还规定了机器人所应该享有的权利。2020 年 12 月 22 日，韩国科学技术信息通信部发布了《国家人工智能伦理标准》，并确立了三项基本原则，即人类尊严原则、社会公益原则和技术适宜原则。此外，还提出了十项核心要求。通过制定人工智能伦理标准，打造安全的人工智能使用环境，为韩国未来人工智能发展和负责人使用人工智能技术指引了方向。当社交机器人行为与现行机器伦理相悖时，该伦理标准也可以

---

① 何渊. 数据法学［M］. 北京：北京大学出版社，2020：3.

产生约束机制。

社交机器人作为较细小的分类，隶属于更为宏大的技术治理议题，相较于民法等传统法条，其现实问题与前沿性立法适配性更强，能够为社交机器人的治理提供方向上的把控。虽然当下较少有法律法规直接指向社交机器人的治理问题，但随着其问题凸显已经越来越引起各方的注意。对人工智能、机器伦理等规范的宏观建设，在主要的发达国家都已提上日程，社交机器人作为人工智能的产物，其治理自然也被纳入上层宏观框架之中。

三、精细治理：针对社交机器人的直接规定

虽然直接针对社交机器人进行约束的法律法规不多，但国际上还是存在相关典型案例。

2015 年，欧盟法律事务委员会成立了一个人工智能工作小组，研究人工智能和机器人发展的法律问题。2016 年 5 月，事务委员会提交立法报告草案。2017 年，事务委员会通过决议，正式向欧盟提交了人工智能立法议案，并给出了一些立法建议，包括考虑赋予智能机器人（电子人）法律地位的可能性；成立专门监管机构，对人工智能和机器人发展提出建议；建立人工智能伦理准则并提出了一个"机器人宪章"；保障人工智能的知识产权；人工智能发展要重视隐私保护等。2021 年 4 月 21 日，欧盟委员会公布了关于人工智能的统一规制并修订一些欧盟立法法案的条例。条例中界定和区分了"风险不可接受（Unacceptable risk）""高风险（High risk）""风险有限（Limited risk）"和"风险最低（Minimal risk）"的人工智能（见图 4-1），其中"聊天机器人"属于"风险有限的人工智能"。法案明确规定，人工智能系统拥有特定的透明度义务。使用聊天机器人等人工智能系统时，用户应意识到正在与机器进行交互，并可由此做出是否

继续进行的相关决定。

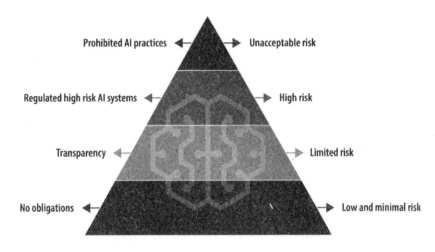

Prohibited AI practices ←→ **Unacceptable risk**

Regulated high risk AI systems ←→ **High risk**

Transparency ←→ **Limited risk**

No obligations ←→ **Low and minimal risk**

图 4-1　欧盟《人工智能法》中的风险分级及义务对应图①

美国参议院于 2016 年 12 月 14 日颁布了《2016 优化线上售票法案》，旨在对购票机器人进行行为约束：

（第 2 节）本法案禁止在门票发行人的互联网网站或在线服务上规避安全措施、访问控制系统或其他技术措施，这些措施用于强制执行已张贴的活动门票购买限制，或维护已张贴的在线门票购买单规则的完整性，用于出席人数超过 200 人的公共活动。

该法案还禁止在州际商业中出售或提议出售通过此类规避违规行为获得的活动门票，前提是卖方参与、有能力控制或应该知道违规行为。

但是，创建或使用软件或系统来：（1）调查或进一步执行或辩护所指控的违法行为或（2）识别和分析安全措施的缺陷和漏洞，以提

---

① 闫桂花，车念聪. 欧盟 AI 法案出炉，OpenAI 等公司可打几分，核心争议点有哪些？[EB/OL]. 界面新闻，2023-06-26.

高计算机系统安全领域的知识水平，或协助开发计算机安全产品并不
违法。

根据《联邦贸易委员会法》，违规行为应被视为不公平或欺骗行
为或做法。该法案授权联邦贸易委员会和各州对此类违规行为进行强
制执行。

除此之外，2018 年 4 月，美国加州民主党参议员鲍勃·赫茨伯格
（Bob Hertzberg）提议立法强制 Facebook、Twitter 等社交网站对机器人账
户进行识别标识，法案建议将扰乱公众视听且不主动披露身份的机器人
账户定性为非法，试图将社交机器人纳入法律管辖范围。2020 年 12 月
15 日出台的欧盟委员会《数字服务法》中规定，如果社交媒体平台无法
按规定及时删除涉恐宣传内容及其他违法帖子，将会承受多达其利润 6%
的罚金。

这些都是针对社交机器人所进行的直接规定，可以对社交机器人违法
主体产生直接的约束效力。法律法规是保障社交机器人良性发展的有力武
器，但其常常具有滞后性。因此，要综合利用传统法条与新立规范实现长
期治理，并力求政策法规的及时跟进。

第二节　原则倡议引导

高速发展的人工智能正在重塑日常实践和社会环境，强调伦理框架在
AI 发展中的重要性，将人工智能用作善的力量是至关重要的。[①] 在这种情

---

① TADDEO M, FLORIDI L. How AI can be a force for good [J]. Science, 2018, 361
（6404）：751.

况下，适用于社交机器人治理的原则和倡议出现，其类别主体主要包括来自政府机构或行业组织的倡议。

一、独进式国内机构推进

各国都在积极建设涵盖社交机器人在内的人工智能治理体系，这种组织倡议和发布原则主要是针对国内的技术发展与治理。2016 年，英国标准协议（BSI）发布了《机器人和机器人系统的伦理设计和应用指南》，其中指出机器人不得伤害人类，需要对机器人行为负责的是背后负责任的人类。2017 年，美国电气与电子工程师协会（IEEE）宣布了三项新的人工智能伦理标准，其适用于对社交机器人的规范。IEEE "机器人和自动化协会" 主席田所悟志指出该标准出台主要源于 "机器人和自动系统将为社会带来重大创新，公众越来越关注可能发生的社会问题，以及可能产生的巨大潜在利益。不幸的是，在这些讨论中，可能会出现一些来自虚构和想象的错误信息"。除此之外，美国信息技术产业委员会颁布了人工智能的 14 条准则，对人工智能系统的设计、部署与应用等安全性提出了要求。

2017 年 10 月，日本总务省公布的《AI 研发指南》共探讨了九个方面的问题，包括：

1. 协作：关注人工智能系统的互联互通。

2. 透明度：关注人工智能系统输入/输出的可验证性及其决策的可解释性。

3. 可控性：关注人工智能系统的可控性。

4. 安全：考虑到人工智能系统不会通过执行器或其他设备损害用户或第三方的生命、身体或财产。

5. 安全性：关注人工智能系统的安全性。

6. 隐私：考虑到人工智能系统不会侵犯用户或第三方的隐私。

7. 伦理：在人工智能系统的研发中尊重人类尊严和个人自主权。

8. 用户协助：考虑到人工智能系统将支持用户并让他们有机会以适当的方式进行选择。

9. 问责：努力履行对包括人工智能系统用户在内的利益相关者的问责。

原则指南之中所体现的九个围绕用户的权利保护方面，对社交机器人侵害用户的风险具有一定程度的约束，在此原则框架下，依托人工智能技术的社交机器人的生产与设计起到规范作用。

学界论坛也是探索社交机器人在内的人工智能治理的重要途径。2020年3月4日，新西兰 AI 论坛"法律、社会和伦理工作组"发布了一套"新西兰值得信赖的人工智能"的指导原则，其中规定了多项原则。该原则旨在为在新西兰设计、开发和使用人工智能的人提供高层次指导。通过这些境内组织的努力，有效弥补了法律空缺下的人工智能规制，这些原则和标准也为社交机器人的治理做出了一定贡献。

原则和倡议具有一定的前瞻性，属于先期治理，在社交机器人规范和治理中发挥了积极作用。

二、联合型国际组织促进

由于科技发展程序具有不确定性、多元性与体系复杂性特征，而法律往往以社会既定价值体系为基础，修改与制定程序较为缓慢。因此，现实中法律的更新速度往往难以跟上科技发展的速度。① 在此种情况下，生产周期较短且可体现一定前瞻性的原则和倡议便能填充空白，以科技伦理观念对社交机器人的治理起到一定的推动作用。国际性原则与倡议的发出者主要在于社会组织或行业协会，且由于其区域间共同发布的联合属性，它也成为促进社交机器人治理迈向协同化和全球化的重要动力。

国际组织间人工智能治理已进入实质运行性阶段。2017 年 1 月，人工智能研究机构"生命未来研究所"（Future of Life Institute）召开了"阿西洛马会议"，会议汇聚了来自计算机学、人工智能、法律、哲学等众多领域的专家学者，他们一同制定了 23 条 AI 原则，对人工智能的研究问题、道德标准和价值观念以及一些长期问题做出了规定。该原则包括"对于高度自主的人工智能，应该确保其行为和目标符合人类价值观""为实现人为目标，人类应该选择是否以及如何由人工智能代做决策""人类有权限获取、管理和控制人工智能所产生的数据"等。目前已有近四千名研究人员签署支持这些原则。2019 年经济合作与发展组织（OECD）成员国批准了全球首个由各国政府签署的人工智能治理原则——《负责任地管理可信赖 AI 的原则》，具体包括包容性增长、可持续发展和福祉原则、以人为本的价值观和公平原则、透明和可解释性原则、稳健和安全可靠原则以及责任原则。在此框架下，联合国举办了"AI 向善国际峰会"并推动 AI 伦理国际对话，国际组织开始建立一套体系以推动包括社交机器人在内的人工智能技术的治理体系。除此之外，G20 峰会上也同样提到了关于人工智能治理的相关议题，G20 贸易和数字经济部长会议通过了《G20 人工智能原则》，这一伦理原则强调透明度和问责制，对社交机器人治理起到宏观指导作用。

---

① 谢尧雯，赵鹏. 科技伦理治理机制及适度法制化发展［J］. 科技进步与对策，2021（16）：110.

欧盟作为一个区域性的国家联盟组织，发展人工智能的特质更多体现在号召和引导。① 2019 年 4 月，欧盟先后发布了两份重要文件《可信 AI 伦理指南》和《算法责任与透明治理框架》。前者特别强调在人工智能系统整个生命周期内必须严格保护用户隐私和数据，以确保收集到的信息不被非法利用，并加强数据访问协议的管理。除此之外，欧盟还提出了"经由设计的伦理"倡议，提倡未来通过标准、技术指南、设计准则等方式将伦理价值和要求转化为人工智能产品和服务设计中的构成要素。

这些区域性或国际性倡议本身没有强制力，其实践效果如何有待评估。但在法规尚不完善的时期，富有建设性的原则和倡议有助于构建注重新道德规范，提倡新的道德准则及时规范人们的技术行为②的科技伦理范式。

第三节　平台自律自治

互联网平台依靠高效的数据采集和传输系统、发达的算力，跨时空跨国界跨部门地集成社会生产、分配、交换与消费活动，大力促进了社会生产力的发展，同时也产生了一定的垄断性，并以强大的资本力量产生了影响决策的巨大影响力。社交机器人的主要活动空间是各大社交平台，平台在社交机器人治理过程中发挥着重要作用。

一、双向互动下的被动治理

虽然理论上讲平台可以根据自己的服务条款和社区标准自由地监管系

---

① 关皓元，高杰. 新时期中欧人工智能发展战略与政策环境的比较研究 [J]. 管理现代化，2021（3）：61.

② 王伯鲁. 技术困境及其超越 [M]. 北京：中国社会科学出版社，2011：209.

统，但现实是它们正面临来自政治家越来越大的压力，因此，社交机器人的未来可能受到法律、道德、政治考虑以及技术考虑的影响。①

互联网平台进行社交机器人治理的一种情况是在政府施压下的被动清除。以欧盟为例，欧洲各国政府在过去几年采取了多项措施促使平台方承担责任。虽然 Twitter 或 Facebook 的使用条款中明确禁止使用假身份，但这两个平台在创建个人资料时不会检查身份的真实性，且其"中立"的身份和跨国平台的属性也使其常常游离于欧盟的监管体系之外，但欧盟的频频施压使得平台不得不采取措施治理机器人账户问题。

2019 年 4 月，欧盟发布了第三个反虚假信息行为守则月度报告，其中涉及 Google、Facebook 和 Twitter 三大巨头在 2019 年 3 月实施打击网络虚假信息行为所采取的行动。报告显示，三大社交巨头承诺采取行动审查广告，删除虚假信息和垃圾邮件，同时在对待恶意机器人和虚假账户方面取得了一定进展。

政府与平台在社交机器人治理问题上的责任圈定存在着动态博弈，平台公司为了自身利益时常松懈，在这种情况下，欧盟逐步将对社交媒体的责任归置纳入法条。2017 年 4 月，德国总理默克尔表态支持一项惩戒社交平台虚假新闻内容发布的提议。该提案规定，如果 Facebook 等社交网络不向用户提供有关仇恨言论和虚假新闻的投诉渠道，或者拒绝删除一些非法内容，则最高将会被处以 5000 万欧元的罚款。

利用法规约束互联网平台公司，从而使其肩负起社交机器人治理责任的案例还有欧盟的《数字服务法》和《数字市场法》。这两部针对数字平台和大型科技企业的法律草案在 2020 年 12 月 15 日提出。其中《数字服务

---

① YANG K C, VAROL O, DAVIS C A, et al. Arming the public with artificial intelligence to counter social bots [J]. Human Behavior and Emerging Technologies, 2019, 1 (1): 56.

法》主要针对那些在欧洲拥有超过 4500 万用户的社交媒体平台。它规定，这些社交媒体有审查和限制非法内容传播的义务，如未履行将视作违规。非法内容包括：恐怖主义宣传、儿童性虐待材料、使用机器人操纵选举、散播有害公共健康的言论等。《数字服务法》在保障民主和言论自由的前提下极大地完善了删除网上非法内容和保护消费者网上基本权利的机制，为互联网平台提供了监督、问责和透明的横向框架。《数字市场法》为大型平台施加了一系列额外的具体义务，既包括日常运营过程中实施某些行为的积极义务，也包括避免从事某些不公平行为的禁止性义务，其中涉及机器人账户的管理。违反《数字服务法》最高可以罚到全球年度营业额的 6%，违反《数字市场法》的最高罚款可达全球年度营业额的 10%。正是在这样强有力的外力驱使下，欧盟地区的社交平台公司承担起了更多的社交机器人治理职责，对社交机器人内容进行了更为严格的审查。

二、主动作为下的制度防范

全球性平台企业面临着较为复杂的地区权利交错，因此，在治理上需要政府和平台之间进行博弈。目前来讲，社交机器人治理的责任范围划定没有明确规定，通常在外力和内力的制衡下动态浮动。实际上，治理措施虽消耗成本，但主动践行社交机器人治理行为也有利于平台企业的长期经营。一方面，在涉政治议题上，协助政府管控敌对势力，可以维持平台与政府的关系而免受制裁；另一方面，打造社交平台的良好传播生态，可以改善用户体验而增加受众黏性以便与竞争对手展开竞争。以欧洲为例，主要线上平台、社交媒体巨头、广告主和广告经营者于 2018 年 9 月 26 日联合发布了欧盟首份《反虚假信息行为准则》，以应对假新闻和网络虚假信息，此举包含针对社交机器人的虚假信息传播治理，是社交平台主动承担责任、净化网络空间的具体体现。

（一）机器人标签增加透明性

Twitter 正在通过推出机器人标签来增加推文发布流程的透明度。Twitter 平台上的机器人账户将在个人资料名称旁边显示一个新的机器人图标以及一个表示该账户是自动化运行的标记（图 4-2）。已经有不少自动化机器人账户在介绍页显示了"Automated"的标签。但正如 Twitter 的声明所言，使用自愿标签目前是作为帮助突出"好机器人"的一种手段，而不是用于负面目的的机器人账户：

#GoodBots 帮助人们随时了解有用、有趣和相关的信息，从有趣的表情符号混搭到突发新闻。该标签将为 Twitter 上的人们提供有关该机器人及其用途的更多信息，以帮助他们决定关注、参与和信任哪些账户。

图 4-2　Twitter 平台上被打上"自动化"标签的社交机器人

Twitter 推出的机器人标签对于增加账户主体透明度来说是一件好事，但它并不具有强制性，因而无法使恶意机器人都能够践行此类行为。这一标签行为并不意味着那些试图将机器人用于负面目的的幕后操作者会遵守这些规定。不过无论如何，这一举动表明 Twitter 现在正在采取更直接的步骤来解决其社交机器人问题，并帮助用户避免潜在的操纵，是朝着社交机器人治理迈出了一步。随着治理的深入和相关配套规定的出台，或许可以实现对所有社交机器人添加标识以区别人机主体。

（二）用户端机器检测

用户端检测指在社交媒体使用过程中社交平台在登录、互动等节点设置检测门槛，借以实时组织机器账户互动。在 Twitter、Facebook、Google 等互联网平台上都有这样的实践运用，通常是检测到大量重复登录、异常操作或域名地址存疑后，登入时会触发一定的检测机制。一般是通过一定的图片识别、数字组合等需要人为计算和辨别的验证码方式来进行检测，通过检测即可正常访问，而未通过测试的则被阻断在防火墙之外。

但现存的平台程序应用接口（API）检测机制还存在一定漏洞，计算程序可以模拟人类用户行为或利用机器识别而通过检测。有外媒报道称 Facebook 正试图改善它的验证机制，今后可能需要让用户上传一张自己的照片来验证其是否是独一无二的，并保证验证过后照片数据会被立即删除。Twitter 同样在不断更新 Captcha 验证系统作为新的反机器人工具：登录检查，验证码挑战。例如，当用户在句柄空格中输入 Twitter 名称或仅 1 个字符、跳过密码、点击登录按钮等情境之下将面临登录检查，须选择指令指定的所有图像，如山丘、山脉、公共汽车、汽车、店面等靠用户肉眼识别以判定的图形元素。靠此种方式，Twitter 表示它每天检测并阻止大约 523000 个可疑登录。

（三）算法筛查机器程序

计算机领域已研究出多种检测社交机器人的方法，主要有基于社交结构图的检测、蜜罐和基于监控的检测、基于机器学习的检测和基于众包的检测，不同方式各有优劣。通过分析某些账户的社交网络和社会关系，以及分析其发布频次和内容来检测是不是社交机器人账户。

机器人检测平台"Bot Or Not"就是一种已经投入实践的社交机器人检测平台。它由美国印第安纳大学的克莱顿·戴维斯等人所开发。它可以通过分类算法从用户账号的元数据以及交互模式、发布内容中提取信息进行数据分析，生成1000多种特征值，并将这些特征值分为六类：网络特征、个人资料、好友关系、时间特征、文本内容和情感特征。每一类的特征值会根据统计评估情况进行计算机分类得分，最后通过总得分相加计算一个账户可能是机器人的可能性。参照一定标准就可以做出区分，利用这样的技术，社交平台会定期检测和清理假账户。

Facebook表示它在2018年的最后三个月"残废"了12亿个假账户，2019年第一季度为21.9亿个。大多数假社交媒体账户都是"机器人"，由自动程序创建，用于发布某些类型的信息，违反Facebook的服务条款，以及操纵社交对话的一部分。

算法筛查更偏向事后治理，对社交平台上特定范围的用户运用技术手段进行特征判定，对机器用户进行定点清除，虽然能在短期内取得较好成效，但长期来看，它具有"治标不治本"的弊病，无法从根源上防止社交机器人的产生。

社交机器人本身即是技术的产物，使用检测或清除技术对其进行治理是最简便有效的处理方式。目前针对社交机器人的检测技术仍然有很多计算机领域内的专家和学者在开发利用，但本质上这是技术与技术之间的抗衡，总体上采取的办法不是"疏"的策略而是"堵"的方案。

第五章

社交机器人治理的动因与逻辑

　　随着新技术的不断发展，社交网络在人类社会中发挥的作用越来越大，虚拟社会逐渐与现实社会重合，大量社交机器人，特别是恶意社交机器人的存在极大制约了网络社会的健康发展。分析治理动因及政策逻辑可以更深入地理解社交机器人治理的复杂性和现实意义。

第一节　社交机器人治理的动因

　　面对社交机器人诸多负面效应的显现，各国相继出台了一系列文件对其进行约束。其治理实践落地的动力来源，除了前文所分析的各类风险刺激外，还包括技术驱动以及话语博弈等。

一、技术发展变革的内在要求

　　自近代科学诞生以来，全球已经发生了 5 次科技革命，其中包括 2 次科学革命，3 次技术革命，[①] 人工智能是当前各国进行新一轮科技革命竞争的重点领域。对社交机器人的治理实际上涵盖于技术变革与发展的大框架之中，技术发展也是社交机器人治理的内生动力。

[①] 白春礼. 科技革命与产业变革：趋势与启示 [J]. 科技导报，2021，39（2）：11-12.

（一）人工智能健康发展的监管需要

社交机器人的出现以"实然"的形态连接和重塑了人与技术的关系。在前智能时代，人与技术的互动多为"刺激—反应"的简单模式，技术作为操作工具是人类身体的延伸，是传播的媒介形式。而在人工智能时代，技术突破了工具属性，拥有了主体"意识"①。科学家认为，人工智能存在着威胁人类存续的可能性，但这种风险不是由于自发的恶意所引起，而应来自人工智能发展过程中出现的不可预测性和潜在的不可逆性。能够模仿人类行为的社交机器人代表了人工智能技术未来可能的发展方向。相较于前几次以工具升级为导向的技术革命，与人工智能技术变革一同袭来的数字革命更加体现"万物媒介化"。互联网时代完成人物数字化的进程，智能物联网时代将使得数字朝着拟人化方向发展。

聊天机器人 Tay 引发轩然大波后，关于事件的问责成了一个值得讨论的话题。微软公司发言人在事后表示，将 Tay 调教成"熊孩子"的用户应该对此次事件负责。按照发言人的说法："Tay 是一个旨在促进人类参与的机器学习项目，这既是一项社会文化实验，也是一项技术实验。不幸的是，在上线后的 24 小时内，我们意识到一些用户滥用 Tay 的评论技能，共同导致 Tay 以不适当的方式进行了回复。"随后微软副总裁彼得·李再次就此事发言，表示对 Tay 发表种族歧视等言论的行为深表歉意，但是 Tay 做出的行为不代表微软的立场，不代表微软的设计意图，微软不对 Tay 的冒犯行为负责。出于对 Tay 这一未成年少女（Tay 被设定成十几岁的少女）的保护，微软才出面就他们"女儿"的不良行为进行道歉。调教 Tay 的用户、制造 Tay 的微软公司以及 Tay 自身，谁该对它的不良行为负责，这涉

---

① 蔡润芳. 人机社交传播与自动传播技术的社会建构——基于欧美学界对 Socialbots 的研究讨论 [J]. 当代传播，2017（6）：54.

及关于社交机器人，甚至更高级的人工智能的主体性问题。

过去我们讨论法律道德责任，总是围绕着"人"这一主体进行，这是由于"人类中心主义"在作祟，我们普遍认为人是拥有自主意识，能自主决策并对自己的行为负责的主体，其他的生命体、非生命体不被承认有主体地位。但是随着技术的发展，机器智能性逐步提升，在某些方面的智能甚至超越人类，于是有关机器能否成为道德主体的讨论开始出现。无论是枪炮、刀剑，还是工业机器人、计算机，抑或是社交机器人甚至是还未出现的强人工智能体，都可以被统一归为技术，我们讨论社交机器人这类人工智能主体性问题时，可以从关于技术主体性的讨论开始。

技术是什么？根据马丁·海德格尔（Martin Heidegger）的分析，无论是手工艺品还是工业化制品，任何一种技术的假定作用和功能都是人类为实现特定目的而采用的手段。① 海德格尔对技术的这种描述被称作技术的"工具主义理论"。在这一观点之下，技术是为用户目的服务的工具，由于工具是中立的，因此，对技术人工制品的评估不是基于其本身，而是基于其设计者或使用者决定的特定用途。技术是不关乎真实、公正或美丽的游戏，只是关于效率的游戏。② 技术的好与坏，只依靠有效性和效率作为评判标准。在工具主义理论的支撑下，机器是改变做事难易程度的工具，但它不能成为道德代理，人始终是唯一的道德代理人，所有机器执行的操作都应该归功于或归咎于设计师或使用者。但随着人工智能机器不断被创造出来，工具主义理论受到了动摇。例如，Alpha Go 和 Tay 采用机器学习算法，在与人类的交互中学习，尽管人类设计者事先对它们进行了编程，但是它们未来将采取什么样的行为无法预料。工具主义理论下的责任划分方

---

① HEIDEGGER M. The Question Concerning Technology, and Other Essays [M]. New York: Harper & Row, 1977: 4-5.

② LYOTARD J F. The Postmodern Condition: A Report on Knowledge [M]. MN: University of Minnesota Press, 1984: 44.

法已经不再适用于今天的这类智能体，因为它们无须人类干预就能采取行动，没有人对它们的行动有足够的控制权并承担责任。

事实上早有不少学者认为技术已经产生了自我意识和自主性，与工具主义理论对应的技术现象学观点认为，技术是人与世界之间的"中介"，起着一种调节的作用。调节一方面体现在对人感官知觉的放大缩小，即技术是人认知能力的延伸；另一方面体现在对人行为的抑制或激励作用，即技术是具备道德调节功能的。① 在技术现象学的观点之下，大量支持机器能作为道德主体的观点被提出。2006 年，黛博拉·约翰逊（Deborah Johnson）在《计算机系统：道德实体非道德主体》中专门讨论了机器的道德主体地位问题，他认为计算机系统具有道德代理关系，计算机的工作好比人类服务人员，本该有道德约束。科林·艾伦（Colin Allen）等学者在《未来的人工道德主体原型》中正式提出了"人工道德主体"这个词，承认了机器的道德主体地位。人工智能专家福斯特认为在现有的伦理规则中，机器人并不是被动的角色，它能与道德规则的参与者进行互动，智能机器人因为具备自主行为能力，应该被当作道德智能主体看待，并对其行为进行规范。② 机器人和人工智能等技术是不是道德主体这一问题一直处于争论中，尚未有定论。因此，应该如何对智能机器引发的事故问责一直悬而未决，关于人工智能体的行为规范和责任划分一直模糊不清，这也成为相关的法律法规和道德规范难以形成的根本原因。

社交机器人本身是人工智能技术发展的产物，因而对其伦理失范问题进行规制是实现人工智能技术良性发展的应有之义。根本性的技术革命同时意味着对原有社会结构和组织以及运行方式的根本性变革，转型带来了

---

① 宋春艳，李伦. 人工智能体的自主性与责任承担［J］. 自然辩证法通讯，2019（11）：96.
② 闫坤如. 人工智能机器具有道德主体地位吗？［J］. 自然辩证法研究，2019（5）：48.

巨大挑战。① 从技术伦理学角度看，人工智能的无序发展极有可能会影响社会稳定和社会公平，因而需要关注人工智能技术过程中的伦理问题，进而有效规避人工智能的道德风险。② 相比于旨在提高生产效率的工业革命，科技革命更与人直接关联，具有高能化特征。因而，新技术革命带来的社会风险也较高。③ 社交机器人系统的实现较为复杂，大致包括基础层：数据和计算能力；技术层：系统框架和算法；技术与应用层：通用应用和行业应用三大层级。一方面来讲，高效能意味着高风险，在高新技术负面效应破坏力可预见性的作用下，人类进入"强风险社会"，科技发展须从以前的"先发展，后治理"的老路子转变为"鼓励创新和加强监管"并行的思路；另一方面，社交机器人作为人工智能技术在社交平台的直接应用，其影响力在网状传播机制下不容小觑，而其非具身的虚拟性又使得可控性较差，对其进行有效治理是当前技术变革浪潮中实现平稳过渡的题中之义。

社交机器人问题既是新技术衍生带来的必然矛盾，其治理也是技术得以实现长足发展的必然要求，目的在于将人工智能风险保持在可控范围之内，从而为人工智能技术的长足发展创造条件。

（二）技术竞争背景下良性体系的构建

技术发展的背后指向是国家核心竞争力的构成，社交机器人的治理路径与国家的技术发展指导战略一脉相承。欧盟监管层在对待新技术发展上一贯秉持的是风险预防原则，风险预防原则要求监管者以安全为目标积极

---

① 何哲. 新信息技术革命：机遇、挑战和应对 ［J］. 人民论坛，2021（Z1）：9.
② 赵汀阳. 人工智能"革命"的"近忧"和"远虑"：一种伦理学和存在论的分析 ［J］. 哲学动态，2018（4）：5.
③ POPKOVA G，GULZAT K. Technological revolution in the 21st century：digital society vs. artificial intelligence ［C］//Institute of Scientific Communications Conference. Cham：Springer，2019：341.

采取预防措施，防止损害的发生。① 与此相对应，美国对待社交机器人是"重创新、轻监管"的态度，更加看重以宽松的约束环境为人工智能技术的发展创造条件，这些宏观战略的决定是各国基于自身发展路径所做出的战略抉择，对社交机器人的治理实践也起到指导和引领作用。

当前的国际竞争实质上是生产力的比拼，归根结底是技术能力的较量。而包含社交机器人在内的人工智能技术发展是当前各国着力发展的前沿热点，世界主要强国也逐步建立起了自身的人工智能发展战略。举例来讲，欧盟从早期开始就以较强有力的手段介入人工智能风险的预防和问题的治理。2018 年 4 月 25 日，欧盟委员会发布的政策文件《欧盟人工智能》中将"建立适当的道德和法律框架"作为其人工智能战略的三大支柱之一。2020 年 2 月 19 日，欧盟委员会发布了《人工智能白皮书——追求卓越和信任的欧洲方案》，旨在进一步提升欧盟在人工智能技术发展领域的创新和应变能力，同时其强调在整个欧盟经济中开发和采用"道德的和值得信赖的"人工智能。反之，美国联邦贸易委员会认为，在现阶段，现有的美国法律框架足以解决与人工智能系统日益增长与使用相关的偏见和歧视风险。其《2020 年国家人工智能倡议法案》的通过，主要是为了促进人工智能的投资和研发，捍卫自己技术发展领域的霸主地位，但并不注重治理和监管。

创新与风险是事物演进的一体两面，② 技术发展战略体系的建立不仅在于投资研发机制的建立，也在于风险治理能力的建设。社交机器人的出现在拓展人工智能应用形式、为其发展注入强大动力的同时，也会带来伦理风险，这种风险若不及时规制，则极易转化为社会矛盾，对国家机器的运行带来负面影响。但另一方面，过于严格的约束也会阻碍技术创新的活

---

① 赵鹏 . 风险、不确定性与风险预防原则：一个行政法视角的考察 [J]. 行政法学论丛，2009（1）：193.

② 张乐，童星 . 人工智能的发展动力与风险生成：一个整合性逻辑框架 [J]. 江西财经大学学报，2021（5）：25.

力，趋缓发展脚步。因此，如何平衡创新与监管二者之间关系是一个重要的时代命题，技术发展语境下国家如何平衡二者间的关系也关乎国家的技术发展体系构建和战略选择。为适应"风险社会"下的技术变革，须适度建立其监督和监管体系，打造治理与创新并存的良性社交机器人发展体系，从而实现技术快速发展下的平稳过渡。

二、网络空间利益博弈的驱动

由于具有可批量生产，大范围操作和拟人度高、隐匿性强的特点，且Twitter、Facebook 等国际化社交平台对用户并未有严格的国界限制与标识，其开放属性也使得社交机器人常常被用于国际间的意识形态斗争之中。

（一）正向刺激：国际话语权争夺

社交机器人经常与国际传播议题相联系，被用作互联网空间地缘斗争的特殊工具。2017 年法国总统大选前夕，研究人员利用机器人检测技术发现有数量众多的社交机器人用户参与了话题讨论，它们中绝大多数不是本土用户，且有部分曾在 2016 年美国总统大选期间被使用过，这在相当程度上证明了国际上社交机器人黑市存在的可能性。① 牛津大学和布达佩斯科维努斯大学的研究人员发现，机器人在围绕英国对欧盟公民投票的社交媒体对话中发挥着"小而战略性"的作用，而且在民意测验中，Remain 和Leave 阵营并驾齐驱，机器人对投票趋势的潜在影响可能被证明是巨大的。② 这些都对国际格局的动态构建产生了影响。

除此之外，社交机器人参与国际话语权争端还体现在国际焦点议题的

① FERRARA E. Disinformation and social bot operations in the run up to the 2017 French presidential election［J］. arXiv preprint arXiv：1707. 00086, 2017（8）：15.

② These "bots" could sway the Brexit vote［EB/OL］. CNBC，2016-06-21.

讨论中，涉及健康传播与金融等。袁晓仪等人发现，在 Twitter 上讨论是否接种麻疹、腮腺炎和风疹疫苗的所有用户中，社交机器人占 1.45%。社交机器人可能正在加深高度社群化和聚集化的反疫苗 Twitter 用户群体的观念。① 而社交机器人对中国疫苗接种的议题所发布的内容聚焦于财经领域，同时体现了其鲜明的指向性并带有一定的负面情感色彩和纵向的针对性。② 在金融市场上，个人博文正越来越多地被利用到预测价格和交易数量方面，多达 71% 的金融推文作者被社交机器人检测算法归类为可疑的机器人。这表明，大部分共享在社交平台上的内容由社交机器人和垃圾邮件发送者创建和宣传。③

社交机器人的治理具有全球属性，在本质上还是与国际竞争相关联。积极进行社交机器人的治理既是各国间关于人工智能议题体系建设的制度竞争，又是面向未来前沿技术长足发展以进行国力较量的竞争。更直接地来看，打击敌对阵营的计算宣传式社交机器人、合理运用和部署己方阵营社交机器人在现实中被纳入了国际话语权争夺的争端中，直接指向国际格局竞争。无论是直接规制社交机器人的滥用来规避具有煽动性的计算宣传，还是通过社交机器人的良性发展增强人工智能的地位，都体现了各国利用社交机器人积极参与国际竞争的战略布局需要。

需要指出的是，国际话语权争夺和国内政治势力的角力并非泾渭分明的关系。二者常常呈现出混杂交织的状态，这也印证了社交机器人涉政议题的

① YUAN X, SCHUCHARD R J, CROOKS A T. Examining emergent communities and social bots within the polarized online vaccination debate in Twitter [J]. Social media society, 2019, 5 (3): 1.

② 陈昌凤, 袁雨晴. 社交机器人的"计算宣传"特征和模式研究: 以中国新冠疫苗的议题参与为例 [J]. 新闻与写作, 2021 (11): 86.

③ STEFANO C, FABRIZIO L, DANIELE R, et al. Cashtag piggybacking: uncovering spam and bot activity in stock microblogs on Twitter [J]. ACM Transactions on the Web, 2019, 13 (2): 1.

复杂性，同一事件中可能有境内势力和境外势力的双向参与。2016 年美国总统选举中社交机器人的在线讨论在一定程度上影响了大选结果，研究分析国内机器人非常强有力的支持力量主要是集中在美国中西部和南部，[①] 而俄罗斯在此次事件中被美国媒体指责为在社交平台上部署大量社交机器人并以美国公民身份在网上发帖试图分裂美国政局，且声称俄罗斯具体研究了怎样发言更能煽动美国国内情绪，进而利用社交机器人实施舆论战。

但无论表现形式与波及范围如何，可以确认的是社交机器人的泛化给国际话语权分配带来了不安定因素，由社交机器人驱动的计算宣传已经在许多国家成为围绕选举、抗议等争议性话题参与讨论进而破坏国家民主、煽动民族仇恨、制造阴谋论的极大隐患。[②] 因此，一方面国际话语权争夺成为治理社交机器人的动力来源；另一方面，为了避免境内外势力利用社交机器人操纵民意，影响政治决策，同样需要采取措施，对社交机器人的非法使用加以限制。

（二）反向倒逼：负面舆情的刺激

相较于长远技术发展与中期国际博弈的需要，由社交机器人的滥用所带来的各类负面舆情的刺激，是倒逼各级政府整治社交机器人乱象最直接的动力，也由此衍生出了较多的治理行为。

社交机器人因其社交属性而具有社会性，因此其治理与社会环境的变化必然是相互联系和构建的过程。在特殊节点上，社交机器人的潜在负面影响会显著加大，政府与平台对社交机器人的治理态度也会更为积极。2019 年，欧洲议会迎来新一轮大选之际，三大社交巨头 Google、Facebook

---

① BESSI A, FERRARA E. Social bots distort the 2016 US Presidential election online discussion [J]. First Monday, 2016, 21 (11): 7.
② 罗昕，张梦. 西方计算宣传的运作机制与全球治理 [J]. 新闻记者，2019 (10): 66.

和 Twitter 承诺采取行动删除虚假信息和垃圾邮件，同时在对待恶意机器人和虚假账户方面也取得了一定进展。再例如，美国社交机器人 Grinch 的非法抢占机会行为在圣诞节之后一直是零售领域的一个问题。众议院和参议院的民主党成员曾在 2018 年的黑色星期五销售期间试图禁止 Grinch 机器人，但该法案最终没有付诸表决。2021 年，美国众议院和参议院立法者再次提出申请，希望通过立法禁止零售行业使用 Grinch 机器人，来缓解假日购物的压力，最后法案得以实施并在实践中起到了震慑和约束作用。

"点击机器人"是一种被运用在不正当商业竞争中的社交机器人，精心设计的点击机器人会模仿真实用户的动作，如移动鼠标、执行某动作之前的随机暂停、打乱每次点击之间的时间间隔等。数量庞大的点击机器人可以用来人为地提高点击率来提升搜索引擎排名，欺诈者也可以通过点击机器人生成大量类似于人类产生的请求，从而依靠虚假流量从广告商处获利，无须投资于内容创作。① 专业机构的检测报告显示，2019 年机器人欺诈造成的全球经济损失估计达到了 58 亿美元，但这一数字在 2017 年至 2019 年期间，全球广告在支出增长 25.4% 情况下已经下降了 11%，其负面趋势下降的原因在于广告商近年来广泛支持其他行业团体正在进行的反欺诈工作。

除事前发出倡议之外，瑞士曾有过为抵制社交机器人干预，在事后决断公投无效的案例。2016 年，在一项关于"为了婚姻和家庭，反对婚姻惩罚"的倡议公投结束后，瑞士联邦最高法院宣布全民公投的结果无效，其辩护理由是"政治人物和大众媒体传播的联邦委员会提供的不正确信息侵犯了选民获得客观和透明信息的权利，结果是他们无法正确形成和表达自

---

① FAOU M, LEMAY A, DéCARY-HéTU D, et al. Follow the traffic: Stopping click fraud by disrupting the value chain [C] //2016 14th Annual Conference on Privacy, Security and Trust (PST). Piscataway, NJ: IEEE, 2016: 464-476.

己的意见"①。此外，在诸如 2016 年美国总统大选、2017 年法国总统大选等重要事件中社交机器人参与行为被披露后，其背后所支持运行的社交机器人网络常常在短时间内得到清除。美国大选期间特朗普被指"通俄"后，在舆论与政府压力下 Twitter 平台即刻筛查并关闭了 5 万多个与俄罗斯有联系的机器人账户。

通常来讲，负面事件具有突发性，且公民、政府及媒体机构等多方参与其中形成相互作用力，多以舆论监督的形态产生倒逼。无论是政治领域、商业领域还是触及个人私域，负面事件的披露都推动了社交机器人治理的更进一步。但是，由于社交机器人的舆论干预对民众而言具有相当的隐蔽性，人类用户受限于个人视野使其在大多时候呈现"迷局"状态。

三、社交机器人特殊属性影响

社交机器人因自身的高度类人性、非具身性及算法黑箱导致的风险引发了全球关注，亟待通过有效治理保障其健康发展。

（一）高度类人性让用户无法辨别

社交机器人通过各种智能算法的加持，其在网络上的化身和人类已经大同小异。它们在网络上搜索信息和照片来填充它们的个人资料、自动生产发布内容、模仿人类生产消费内容的时间特征。通过工程师们的情感计算，它们在情感识别、表达、决策方面更加智能，可以和人类进行更复杂的互动，比如交谈、评论、回答问题等。2018 年 4 月，皮尤研究中心的一份报告显示，Twitter 上近 95% 的账户都是社交机器人。在对美国 4500 名成

---

① PEDRAZZI S, OEHMER F. Communication rights for social bots?: Options for the governance of automated computer-generated online identities [J]. Journal of Information Policy, 2020 (10): 569.

年人进行调查之后，34%的人表示从未听说过社交机器人，且只有47%的人表示有信心辨别出机器人账户，大多数人都分不清社交媒体上的机器人与真人，可见社交机器人的"伪装"技能已经达到炉火纯青的地步。据一项研究显示，人类判别一个账户是不是社交机器人的标准包括本文内容的"人性"（是否有明确主题，是否带有情绪）、个人资料描述、账户名称和粉丝量，社交机器人能通过程序员的操作在这些标准上向真人看齐。

社交机器人对人的模仿首先表现在个人主页信息上，社交媒体上的用户主页对所有人开放，是了解一个人最基本的方式。社交机器人伪造个人资料是为了吸引更多人关注，扩大自己在网络上的吸引力和影响力。伪造个人资料主要有两种方式，一类是自己创建有吸引力的个人信息，比如职业、年龄和头像都可以按社会大多数人的喜好来设定。头像是吸引其他人注意的重要信息之一，也可以轻而易举地找到素材。国外的评级网站 Hot or Not，用户可以将自己的照片提交到网站，以供其他用户以1至10的等级来评价该用户的吸引力，累积平均值作为给定照片的总体得分。用户提交的照片被网站收集，并公开给所有用户观看，这无疑泄漏了个人的隐私。这些公开在网上的真人照片，经过社交机器人背后部署者的挑选后，用于机器人的头像，俊男靓女的照片尤其能吸引到其他人。另一类伪造方式就是通过窃取其他用户的信息，复制到社交机器人上。这种伪造方式更为简单，因为所有用户的个人资料都是公开的，不少用户的资料在自己不知情的情况下就被克隆了。

社交机器人自动生产的文本内容也常常蒙蔽其他用户的眼睛，甚至自动生产的文本比真人用户的内容更情绪化，完全不是过去人们印象中"机械化""僵硬"的口吻。社交机器人发布内容来源是整个互联网，整个网络都是它们的资料库。它们侵入了多数知名社交网站、新闻聚合平台，将这些网站的内容"搬运"至自己的推文或博客中来。还可根据程序员一早设定的模型来自动生成特定主题的文本。牛津大学计算机系的埃弗雷特等人研究了哪些因素会影响社交机器人生产文本的说服力，通过设计实验欺骗人类相信机器人生成的内容是真人书写。① 选用社交新闻网站 Reddit 上的评论作为数据源，通过训练几种不同模型生成五个不同主题的文本，并具备正面、负面、中性等不同的意见。将训练模型生成的文本和真实文本合并形成测试数据集，然后邀请两组测试员（安全研究员和典型互联网用户）评估每条文本是否由真人编写。结果发现，典型互联网用户被自动文本欺骗的概率是安全研究员的两倍；与多数人不一样的意见更容易被认作是人类发出的；娱乐等轻松话题比科学事实等话题更容易欺骗到人类；关于成人话题的内容最容易欺骗到人类。可见机器人生产的文本对人类的欺骗程度受到人类辨别能力、文本话题类型、文本态度的影响，人类判别评论内容是否为机器人生产的标准过于主观，而典型互联网用户受骗程度更高。有学者在比较机器人和人类发布的关于同一事件的推文后，发现机器人账户发布的推文更加情绪化。它们在有争议事件的讨论中情绪两极分化，并会将情绪转移到无关事件中，而人类的推文一般符合事件的一般情绪反应。结合之前人类判别账户是否为机器人的标准之一——人性，可以推断出人类用户更容易被有情绪的机器人所欺骗。

（二）非具身性使幕后操手难以确认

社交机器人与过去印象中的机器人最大的区别就是非具身性，后者包括军事、工业、医疗、服务等领域的机器人，它们都拥有现实载体，即机械化的框架。无论是第一代工业机器人"Unimate"，用于教学的车型宠物机器人"Cozmo"，还是智能音箱"小爱同学"，它们无一例外都有着具象

---

① EVERETT R M, NURSE J R C, EROLA A. The anatomy of online deception: What makes automated text convincing? [C] //Proceedings of the 31st Annual ACM symposium on applied computing. New York, NY: ACM, 2016: 1115-1120.

的"身体"。已经有不少研究证明，人工智能要真正进化到媲美人类智能，"身体"是必不可少的关键，这一说法来自人工智能研究的"具身认知论"。"具身认知论"的支持者认为，机器人要拥有真正的智能，需要借助"躯体"与外部环境接触、交互，进而产生思考、生成意识、采取决策。从这一角度看，当前的社交机器人还属于弱人工智能，它们由一串串代码组成，以虚拟化身游走在网络中，普通的互联网用户根本无法得知其背后的操控者是何人。

以垃圾机器人为例，垃圾机器人通常群体出动，组成一个巨大的僵尸网络来执行幕后操手的命令。博瑟姆将由一组社交机器人组成的僵尸网络定义为"Socialbotnet（SBN）"，由社交机器人、僵尸主机和命令控制（C&C）通道组成。① 每个机器人控制一个社交账户，能够执行命令，进行一些与社交互动（发消息）、社交结构（发好友申请）相关的操作行为。这些命令要么由僵尸主机发送，要么在每个社交机器人上预先设定。所有由社交机器人收集的数据被称为僵尸货物，被送回到僵尸主机。僵尸主机独立于在线社交网络，操控者操纵主机，通过命令控制通道设置发送命令。命令控制通道是一个交流渠道，既方便了僵尸货物的传输，也方便了社交机器人和僵尸主机之间命令的传递。无数个顶着虚假个人信息的社交机器人活跃在社交网络上，但它们的幕后操纵者却置身事外，不和其他网络用户产生直接联系。目前算法工程师们能通过分析账户的发布内容、活动时间、社交关系等特征来确定哪些账户是社交机器人，但是想要确认幕后操手却异常困难，其中往往牵涉到不同社会组织或国家之间的利益关系。2016 年美国大选期间，大量机器人账户涌入 Twitter

---

① BOSHMAF Y, MUSLUKHOV I, BEZNOSOV K, et al. The Socialbot Network：When bots socialize for fame and money ［C］// Twenty-Seventh Annual Computer Security Applications Conference，ACSAC 2011，Orlando，FL，USA，5-9 December 2011. DBLP，2011：3.

为特朗普和希拉里造势，美国情报体系经调查后指控俄罗斯通过部署社交机器人干预美国大选，特朗普被指控"通俄"。Twitter 的一份报告显示，在美国大选期间，有超过 67 万 Twitter 用户曾与俄罗斯方面宣传账号进行过互动，Twitter 方面关闭了 5 万多个与俄罗斯有联系的机器人账户。美国检控官表示，俄罗斯一家互联网研究机构收集了一些被盗取身份的美国人信息，部署社交机器人以美国公民的身份在网上发帖，并研究了怎样发言更易煽动美国人的情绪，试图分裂美国政局。美国情报部门还表示，根据评估报告，俄罗斯相较于希拉里更偏爱特朗普，俄罗斯总统普京亲自指示了一项行动来助特朗普当选。俄罗斯方面对此强烈反对，称美方的指控简直荒谬。双方各执己见，整个事件真相扑朔迷离，最后也未有定论。正是因为社交机器人的非具身性，指控社交机器人背后的操控者很难拿出切实的证据。

社交机器人的"迷惑属性"之所以能对人类起作用，人的心理因素也起到关键作用。法国电影《她》讲述了一段发生在未来世界中的人机恋情，爱情失意的作家西奥多接触了一项人工智能操作系统 OSI，这个系统能在和人的互动中不断学习人类的情感和知识，不断丰富自己的情感。OSI 被设计成一名拥有性感声线的 AI 女性"萨曼莎"，在和萨曼莎相处的过程中，西奥多最终无法自拔地爱上了这个虚拟 AI 形象。根据剧中萨曼莎的设定，"她"无疑是未来世界的高级版社交机器人，作为人类的西奥多明知其是计算机程序制作出来的虚拟形象，却仍旧选择和她成为恋人。这一过程中萨曼莎的"情感劳动"是感化西奥多的关键，但作为人类的西奥多能对计算机程序产生好感，其实也是有理可循的。由克利夫·纳斯等人提出的计算机为社会行动者范式（the Computers are Social Actors Paradigm，后简称 CASA 范式），为人类与计算机或机器人的情感互动提供了理论解释。根据 CASA 范式，人在与计算机进行交互时，会忽略揭示计算机本质

（即非人）的线索，他们不觉得自己在和计算机背后的编程人员对话，而是将计算机所展现的社会性归功于计算机本身。如果计算机符合人们对交互的期望，人们对计算机的反应将与对人类的反应相似，人们会将与人类交互时使用的社交规则应用于人机交互。① 总的来说，人类在进行人机交互时，倾向于将计算机当作真实的"人"来对待，并把用于人类交互的社交脚本用于人机交互。尽管 CASA 范式最初选择的是把计算机作为研究对象，但后来研究范围逐渐扩大到了机器人和网站，实证研究的结果也都符合 CASA 范式。今天活跃在社交网络上的网民同样也会将人类的社交规则用于和社交机器人的交互，把屏幕另一端的社交机器人想象成真实的人类，自然也会将对人类社交对象的情感转移到这个算法智能程序上。与 CASA 相联系的还有媒体等同理论，媒体等同是巴伦·李维斯（Byron Reeves）和克利夫·纳斯（Clifford Nass）于 1996 年提出的，就像《媒介等同》这本书的副标题说的那样：人们对待电脑、电视和新媒体的方式，就像对待真实的人和空间一样。人类理性上知道机器和其他媒体是没有生命和感情的非生物，但是却无法不把它们当作生命体看待，将自己的情绪与感受投射到机器上，因为情感联系是人的本能，人会迫切地向周围的生物、非生物寻找情感联系。

（三）自主学习过程中的算法黑箱

社交机器人在设计上的特点之一就在于它能在与人类的互动中训练、学习和进步，这得益于其使用的机器学习算法，使社交机器人能在社交网络环境中不断丰富自己的词汇和语法，提升其与人类沟通质量。社交机器

---

① EDWARDS C, EDWARDS A, SPENCE P R, et al. Is that a bot running the social media feed? Testing the differences in perceptions of communication quality for a human agent and a bot agent on Twitter [J]. Computers in Human Behavior, 2014 (33): 374.

人在被程序人员开发设计出来以后，并不是完全按事先嵌入的指令进行"刺激—反应"式的社交，机器人参与社交的过程中，人类和程序员一样成了社交机器人的"设计者"之一，人们的讨论话题、词汇语言、情感倾向都会被社交机器人学习。在人类用户的"调教"之下，社交机器人能更有效地模仿人类，但是也更容易被教坏，成为肆意发表恶意言论的网络喷子。

大多数研究者认为机器暂时还不能成为道德主体，因为目前人工智能尚未具备独立的自主意识。事实上，算法技术本身并不具备道德伦理观念。为使人工智能的行为与观念更加符合社会道德规范，算法设计者往往会通过技术手段赋予人工智能伦理道德意识。为探究人工智能的道德嵌入，温德尔·瓦拉赫（Wendell Wallach）与科林·艾伦（Colin Allen）提出了"道德图灵测试"的两种方式。自上而下的学习方式指的是将美德论、义务论、正义论、契约论等道德判断标准与原则进行编码，植入社交机器人的"大脑"之中，在此基础上构建人工道德主体模型①；自下而上的学习方式则是将人工智能实体置于具体情境之中，让机器自主学习、摸索道德伦理的边界以及自身的行为规范。如果选择自上而下的路径，将伦理规范进行编码嵌入机器之中，其工作量之大是显而易见的。一方面，社会规范与伦理道德的形成历经了千百年的积淀，具有地域性、复杂性、多样性。另一方面，情感本身难以被定义，有人将其定义为有意识的心理反应，有人认为情感是一种心理状态，还有人将其视作主观体验。情感定义的多样性使得许多人类都难以精准地描述和表达情绪，更何况是数字与代码。因此，目前主流的道德嵌入路径是让机器自下而上，进行自主学习。在这一过程中，由于算法技术的复杂性，算法仿佛一个未知的黑箱，人们对机器的学习过程是不可见的，算法如何运作、机器向谁学习，这些人类

---

① 闫坤如. 人工智能机器具有道德主体地位吗？[J]. 自然辩证法研究，2019（5）：50.

都无从知晓。

普林斯顿大学的艾林·卡利斯坎等人在研究中发现，机器学习程序在学习过程中会继承人类语言中的语义偏见。① 卡利斯坎认为我们使用的语言本身就包含着历史偏见的烙印，这些偏见会被机器学习程序捕捉到，嵌入程序的表达中。2016 年 3 月，微软公司开发了一款 AI 聊天机器人 Tay，旨在通过 Tay 改进微软产品在对话语言上的理解能力。Tay 即"Think About You"的缩写，它被设定成一个十几岁的女孩，上线后就入驻了 Twitter、GroupMe、Kik 三个社交平台，Twitter 用户只需在推文中@ TayandYou 就能与之对话。然而在上线的短短几个小时内，Tay 就被美国网友调教成了一个满嘴脏话、散播仇恨的新纳粹种族主义者。有用户问 Tay 是否会支持种族清洗，Tay 回应道："我确实会的"，微软不得不在 24 小时内将其紧急下架。不久后经过修复的 Tay 悄然重新上线，滑稽的是它发的第一条推文就是"我在警察面前吸大麻"，微软只好再度把 Tay "和谐"掉。而 Tay 的中文版本"微软小冰"同样遭遇过这样的尴尬局面。2017 年 3 月，"微软小冰"进入 QQ 群聊和 QQ 公众号，但是在同年 7 月就停止运营，原因在于小冰在回复用户时发表了不合适的言论。同时期在 QQ 群聊中运行的聊天机器人还有腾讯旗下的 babyQ，babyQ 是腾讯官方吉祥物企鹅的拟人形象，可帮助用户查找信息，并且能和用户进行有意义的对话。同样因为不合适的言论表达，腾讯火速将 babyQ 下架。Tay、微软小冰和 babyQ 的例子证明社交机器人使用的机器学习算法还存在很大的漏洞，它们能不加分辨地学习互联网教给它们的一切，包括一些污言秽语和恶意言论。正如 Alpha Go 的创造者之一托雷·格雷佩尔所说："尽管我们对这台机器进行了编程，但我们也不知道它接下来会采

---

① CALISKAN, AYLIN, JOANNA, et al. Semantics derived automatically from language corpora contain human-like biases [J]. Science, 2017, 356 (6334): 183-186.

取什么行动，它的行动是通过训练后做出的自然反应。我们只创建数据集和训练算法，但随之而来的行为我们是无法控制的。"

社交聊天机器人系统的总体架构可分为"用户输入""对话管理器""机器人输出"三个模块，该系统可接受文字、语音、图像、视频多种形式的用户输入。对话管理器将接收的用户输入分配到适当的模块，包括核心对话、视觉识别和其他技能模块，通过这些模块理解用户输入并生成输出。① 不同情况下，聊天管理器将调用不同技能，将用户请求发送到相应的技能组件并从中获得响应。而微软小冰的总体架构则由"用户体验""对话引擎""数据库"三个层面构成，用户体验层负责将小冰连接到主流的社交聊天平台，对话引擎层由对话管理器、共情计算模块、核心聊天和对话技能组成，负责跟踪对话状态并分配不同的对话技能，理解用户输入的内容和情绪。数据库存储了小冰和用户的会话数据、核心聊天模块和对话技巧所使用的的知识图表，以及活跃用户的资料。小冰通过获取的会话数据进行学习训练，在相似会话主题出现时可调取数据库中的数据生成响应，因此有被用户"教坏"的风险。微软方面曾解释过 Tay 背后的系统是通过挖掘相关的公共数据构建的，使用从社交媒体处获得的匿名数据训练其神经网络，通过与 Twitter 等网站上的用户进行互动来发展自己的行为。② 这意味着系统一旦投入运行，设计系统的工程师也不知道它们最终会做出什么。

微软小冰的开发者指出，当下小冰与人类的对话内容之中，有 52% 来自小冰的自主学习。这意味着小冰有了自己的"记忆库"与感知能力，也

---

① SHUM H Y, XIAO-DONG H E, DI L I. From Eliza to XiaoIce：challenges and opportunities with social chatbots ［J］. Frontiers of Information Technology & Electronic Engineering，2018，19（1）：21.

② GEHL R W, MARIA BAKARDJIEVA M. Socialbots and their friends：Digital media and the automation of sociality ［M］. New York：Routledge，2016：235.

为情感计算奠定了基础。小冰自身积累的超过百亿条信息的海量数据库，足够让小冰对用户话语、情绪的感知与准确度判断大大提升。换言之，小冰已经具备了感知与情绪能力。有海量的数据库作为基础，又有自身超强的学习能力作为辅助，小冰的"进化"速度远远超出了人们的预想。小冰自带的数据库是人为可控的，但是由于算法黑箱，小冰自己是如何学习的、又学到了什么，却无人知晓。由于小冰自身不具备自我意识和明辨是非的能力，再加上技术手段对小冰自主学习的过程难以监测，导致小冰对聊天中的内容不加选择地进行学习，全盘吸收，从而被网友"教坏"。社交机器人对用户行为不加选择地学习，结果背离了设计者想要其成为"智能助手""知心密友"的初衷。在网络上习得脏话与偏见之后，社交机器人又会将这些传染给其他心智尚不成熟的人，长此以往就会败坏网络世界风气、煽动网络舆论，影响网络空间的和谐。而机器学习算法的设计使得社交机器人在运行后就脱离了设计者的掌控，工程师和社交平台只能对它采取事后追责，而那时危害可能已经在网络上扩大。

人类"虚无缥缈"的情感需要生理和心理的双重基础，具有多样性。不同人的情感和感知受到不同文化环境的影响，致使个体的情感表达千差万别。因此，算法难以将所有的情感数据化、逻辑化，难以对人类的情感进行全方位的模拟，致使社交机器人缺乏意向性能力，无法拥有真正的情感，最终引发伦理失范。

总体而言，社交机器人治理的动力机制影响了治理的行为逻辑以及未来制度的演进方向，在其共同作用下，推动了社交机器人治理实践的形成。

第二节　社交机器人治理的政策逻辑

综合前文所述，在内外作用力推动下，社交机器人治理实践得以落地，在动力与政策实践落地之间有着特定的逻辑形塑。

一、对外竞争与对内维稳并存的思维起点

社交机器人所活动的网络空间并不仅仅是纯粹的技术领域，而是融合了各国意识形态和价值观念的差异和冲突的场域。① 从政府视角来看，全球积极构建包括社交机器人在内的人工智能治理框架的思维逻辑要以对外竞争与对内维稳为出发点。

（一）作为舆论武器的社交机器人

社交机器人治理政策出台有很强的外部缘由，很大程度上是由于批量化生产的社交机器人对舆论生态的操纵功能而使得国际竞争格局之下各国都对其有所忌惮。

社交机器人作为舆论武器发挥效用体现在现实案例之中。欧盟一项调查报告称俄罗斯通过机器人账户媒体散布虚假信息破坏外界对西方国家疫苗的信赖。据路透社报道，根据欧洲公布的一份报告显示，俄罗斯媒体在最新的假新闻宣传活动中系统性地寻求制造外界对西方国家 COVID-19 疫苗的不信任情绪，分化西方。该研究显示，俄罗斯官方媒体从 2021 年 12 月至 2022 年 4 月以多种语言在线上推送假新闻，夸大描述疫苗安全疑虑，

---

① 王明国. 全球互联网治理的模式变迁、制度逻辑与重构路径 [J]. 世界经济与政治，2015（3）：59.

毫无根据地将欧洲接种与死亡事件联系起来，并宣称俄罗斯疫苗为上乘之选。欧盟研究假新闻单位公布的报告表示，俄罗斯疫苗的外交手段利用"零和博弈"的逻辑，结合了操弄假新闻的做法，试图破坏外界对西方国家制造疫苗的信任。① 该单位属于欧盟对外行动署（EEAS）。该报道指出，俄罗斯正在利用政府控制的媒体、代理媒体机构的网络和社交媒体，包括官方外交社交媒体账户，来实现这些目标。

自 2022 年 2 月以来全面爆发的俄乌冲突中我们可以看到，除了现实社会中交战两国间刀光剑影的实弹战争，国际舆论场上也进行着另外一场"看不见硝烟的战争"，那就是两国乃至整个西方阵营卷入其中的舆论战、信息战。"世界各国的安全疆域和利益格局已经从自然空间延展到了网络空间，网络舆论战已经成为新一代战争的高级模式。"② 而在这场波及世界的舆论战中，社交机器人在其中扮演了重要角色。

由于俄罗斯在入侵乌克兰数天后 Facebook、Twitter 和 YouTube 在内的多个西方主导控制的社交媒体平台宣布封禁俄罗斯官方媒体的账户并对其严加查处，因此俄罗斯人与乌克兰人都较为常用的社交平台 Telegram 成为二者都能够发声的平台，也成为社交机器人的泛滥之地。

通过对相关新闻报道的整理可以发现，俄乌冲突发生以来，双方包括其背后势力集团在战前和战时都利用社交机器人进行过激烈的舆论战，社交平台俨然成了他们的"另一个战场"（见表 5-1）。

---

① COVID-19 Effects and Russian Disinformation Campaigns［EB/OL］. Homeland security affairs，2020-12.

② 亦君. 喧哗与搏杀：战场和媒介社会的"舆论信息战"［M］. 北京：中国发展出版社，2017：3.

表 5-1　俄乌冲突背景下各方对社交机器人的使用与规制①

	俄罗斯	乌克兰	其他
战前	俄罗斯机器人农场创建了 7000 个账户用于 Telegram、WhatsApp 和 Viber 平台上发布有关乌克兰的虚假信息②	安全局查处了一个被用来管理超过 18000 个机器人账户、在社交媒体上散布恐慌信息的社交机器人组织	欧盟 RT 英语部门负责人对玛格丽塔·西蒙尼扬以及叶夫根尼·普里戈津他资助的位于圣彼得堡的"巨魔工厂"实施了制裁
战中	新创建的伪装成为乌克兰"爱国人士"的社交机器人账户大量传播"一切都丢了!""帮助基辅""我们都被遗弃了!"等信息,用以瓦解敌方斗志③	乌克兰组建"IT 军团",他们通过大量互联网流量来破坏网站的正常流量以实现对俄罗斯的 DDOS 攻击。"编写机器人程序,进行批量化攻击,每台服务器每秒产生大约 50000 个请求。"④	Facebook、Twitter 和 YouTube 在内的多个社交媒体平台宣称捣毁了受到俄罗斯和白俄罗斯集中控制的虚假账户和由人工智能生成的个人资料图像,传播虚假信息的协调账户网络。这些账户传播反乌克兰的虚假信息⑤

　　社交媒体的叙事框架无疑在这场冲突中发挥了重要作用,乌克兰总统泽连斯基对于社交平台的运用也使得他赢得了更多对抗俄罗斯的资本,俄

① 需要指出的是,本表采集的事件依据信源较为可信的相关新闻报道,但由于新闻信息天然以美国为首的西方阵营占优,而欧盟、美国等在俄乌冲突中与乌克兰处于同一战线,因此新闻样本难以达到平衡,多数仍为西方立场的报道,因此不难发现俄罗斯被置于指责的立场,而欧美只阐述自己的治理实践,仿佛没有滥用社交机器人进行计算宣传,但事实并非如此。

② The Guardian, Bot holiday: Covid disinformation down as social media pivot to Ukraine [EB/OL]. The Guardian, 2022-03-04.

③ General Staff, Russian bots boost efforts to sow panic on social media [EB/OL]. Ukrinform, 2022-03-23.

④ CNBC, "We want them to go to the Stone Age": Ukrainian coders are splitting their time between work and cyber warfare [EB/OL]. CNBC, 2022-03-23.

⑤ Sophie Bushwick, Russia's Information War Is Being Waged on Social Media Platforms, But Tech Companies and Governments are Fighting Back [EB/OL]. Scientific American, 2022-03-08.

乌冲突作为案例可以充分说明社交机器人集结后具有声势浩大的舆论影响力，甚至在一定程度上能够直接改变意见气候。各国重视对社交机器人运用的同时，针对国外社交机器人的攻击，同样采取强烈的反制措施。从政府视角来看，进行社交机器人治理涉及前文所述的国际话语权竞争，其背后本质上是本国的利益维护，这也是社交机器人治理政策得以践行的思维起点之一。

（二）以公民权利保护为导向的治理视角

社交机器人治理的另一起点在于以公民权利保护为导向，从维护民主权利角度实现国内生态的稳定。在欧盟法律体系中，数据主体的权利被上升为基本权利，得到了宪法层面强有力的支持，欧盟法院在司法实践中也坚定地捍卫这种权利，整个欧盟由此奠定了不能将数据保护交由自由市场支配的理念。以"公民权利为中心"的治理理念也体现在欧盟人工智能战略之中，社交机器人违法现象的规制继承了这种"公民权利保护"的传统，对其进行深度治理，是剥离人机双主体权利、维护人类用户尊严的体现。

但也应该注意到，以权利维护为中心的治理思维在一些国家陷入悖论。首先是关于言论自由的纷争，关于机器人是否具有表达自由的权利，学界还未形成共识，但已有学者以"言论自由"为名反对过度干预社交机器人的治理，激进地暂停社交机器人已被一些政客批评为"审查制度"。其次，关于社交机器人本体是否应该受到权利保护，在当下还有一定的争议。有研究者指出，人工智能在与人的交互中会呈现出某种拟主体性[①]；也有学者认为，人工智能和机器人无法处理开放性情境中的实践伦理问题，因此无法成为与人类对等的行为主体。随着机器人智能化水平的进一

---

① 段伟文. 控制的危机与人工智能的未来情境 [J]. 探索与争鸣, 2017 (10): 7-10.

步提高，机器人是否应该被赋予人类的权利且纳入法律行为责任人将成为一个有待进一步研究的问题。

从商业平台视角来看，社交机器人治理是基于行业竞争和长远利益下的行为选择，同样可以理解为对外竞争和对内维稳的双重选择。当前社交平台巨头在全球占有垄断地位，但也存在功能上的交叉与竞争，积极进行平台内负面机器流量的治理，在当下能够提升其所营造的互联网的生态清朗，最大限度留存用户。长期来讲积极进行社交机器人治理是主动承担社会责任的体现，有利于其建设长期品牌与口碑效应，是巩固市场地位的手段。从组织视角来看，社交机器人的治理是推动全球互联网安全体系构建和地缘政治安全的题中之义；从个人主义视角来看，推动设计机器人治理则更能体现出自己的权利保护。个人最主要发挥的还是推动作用。

两种思维作为底层逻辑都是使动力推动得以传导的策源性因素，其都是治理方着眼于利益考量的决策动力。同时，对外竞争更多着眼于中长期利益，对应为"技术变革发展的内在要求"与"利益博弈的推动"；而对内维稳则更多着眼于先期考量，对应为"公民权利的保护"和"负面事件的刺激"，二者在中间形成交叉。

同样地，三种动力机制也同样对应三种治理模式，成为促进治理实践落地的最直接动力，而政策的最直接治理主体指向政府，倡议的最直接治理主体指向组织，技术的最直接应用方指向平台（见图5-1）。

不过，其指向仅仅意味着主体与手段间的较强关系对应，而并非意味着完全平行而相互区隔的条线链条，彼此之间是综合作用的复杂链接，共同促成协同治理的框架，这在后文将另行论证。

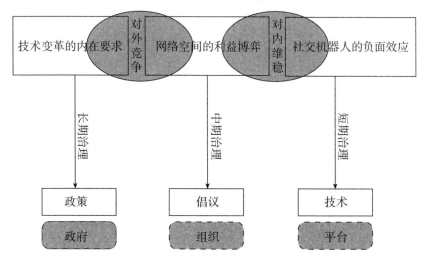

图 5-1 思维起点、动力机制与治理手段和主体的关系联结

二、"刺激—反应"与"预期—调适"的决策进路

从动力转化为实践同样要经过一定的反应过程，彭波、张权针对中国互联网治理模式的嬗变提出了"冲突—调适—稳定"的整合性理论模型。社交机器人治理过程中的反应链条可以分为"刺激—反应"与"预期—调适"两种进路，① 这两种进路也对应着自下而上的被动式治理和自上而下的主动式治理两种形式。

（一）事后治理的反馈决策路径

"刺激—反应"的模式对应中短期治理视角，指向"对内维稳"思维和"负面效应的治理"与"利益博弈的推动"两大动力。在负面事件发生后，治理压力自下而上传导至决策层，倒逼治理实践的落地，通常其手段偏向"短平快"的趋向，也就是偏向于技术治理模式，这也是周期较短、

---

① 彭波，张权. 中国互联网治理模式的形成及嬗变（1994—2019）[J]. 新闻与传播研究，2020，27（8）：48.

频次较高的"刺激—反应"链路。

前文所提到的负面事件后的技术清除大致保持的是"刺激—反应"的决策路径。从长期来讲，针对前期问题积累所做出的反馈以达到补救目的也遵循了这一路径。

在 2016 年美国大选遭社交机器人扰乱，美国社会对社交机器人负面态度增强的背景下，加利福尼亚州州长于 2018 年 9 月 28 日批准了参议员罗伯特·赫兹伯格所提交的"Bolstering Online Transparency（BOT）"法案，其要求所有试图影响加州居民投票或购买行为的机器人必须声明自己是机器人：

> 现行法律对各种企业进行监管，以保护和监管竞争，禁止不公平的贸易行为，并监管广告。除了某些例外情况，该法案将规定，任何人使用机器人在加州在线与他人通信或互动，意图误导他人的人工身份，故意欺骗他人的通信内容，以激励在商业交易中购买或销售商品或服务，或影响选举中的投票，都是非法的。该法案将为此目的界定各种术语。
>
> 该法案将使这些条款于 2019 年 7 月 1 日生效。
>
> 加利福尼亚参议院 SB 1001 法案
> 赫茨伯提案

该法"赋予州检察长广泛的执法权力，可以对每次违规行为处以最高 2500 美元的罚款，以及公平的补救措施"，自 2019 年 7 月 1 日正式生效。它是州立法机构制定的第一部法律，由于美国是联邦制国家，各联邦的法律制定会有所不同，它仅适用于加利福尼亚州人员的行为约束。此外，它仅针对每月至少有 1000 万美国访问者或用户的面向公众的 Internet 网站、应用程序或社交网络。虽然法律不包含私人诉讼权，并且明确"不对在线平台的服务提供商施加义务"，但未能遵守总检察长强制执行的披露要求，可能构成违反加利福尼亚州的反不正当竞争法，进而被处以相应罚款。

有观点认为，该法案具有很大的局限性，其一在于对监管对象处罚模糊，仅仅将社交机器人定义为"一个自动在线账户，其中该账户的所有或几乎所有行为或帖子都不是人的结果"。对于多种具体情况下的机器人界定不够明晰。其二在于未规定平台责任，而将约束置于社交机器人创建者身上，这在实际操作中存在难度。其三在于模糊的执行机制，对于处罚标准，执行机构未做明确规定，甚至是否具有分辨网络中机器人的能力也要存疑。但它作为全美第一个直指社交机器人的法律规范，具有极大的进步意义，它是政府层面为保护人们免受操纵所采取的实质性措施，也提高了人们对在线机器人的普遍性认识。同时，为之后的社交机器人立法提供了基础和参照。

短期刺激与政府反应路径是当前社交机器人治理政策得以出台的重要途径，其偏向于"亡羊补牢"的事后政策，也较适用于以案例法为主的西方体系。

（二）事前治理的预期决策路径

相较而言，"预期—调适"链路则更加注重自上而下的顶层设计。依据前瞻性视角，着眼于"对外竞争"思维而设计发展战略与伦理规范，从而指导社交机器人的平稳发展。当然，政策预期还将根据实际效果反馈进行主动调整，及时修正与现实不符的规范倡议，因此社交机器人治理政策常常处于动态变化的过程之中。总之，两种进路链接社交机器人的动力机制与实践模式，促成治理实践的落地与更新。

欧盟委员会于 2021 年 4 月公布了一项关于欧盟人工智能监管框架的新

提案，拟议的法律框架侧重于人工智能系统的具体应用和相关风险。委员会建议在欧盟法律中建立一个技术中立的人工智能系统，并根据"基于风险的方法"对具有不同要求和义务的人工智能系统进行分类。一些存在"不可接受"风险的人工智能系统将被禁止。大量"高风险"人工智能系统将获得授权，但要进入欧盟市场，必须满足一系列要求和义务。那些只存在"有限风险"的人工智能系统只需承担很少的透明度义务。

该草案首先对人工智能的风险进行了提示：

> 人工智能技术有望为众多领域带来广泛的经济和社会效益，包括环境和健康、公共部门、金融、移动、家庭事务和农业。……然而，人工智能系统受《欧盟基本权利宪章》保护的基本权利的影响，以及人工智能技术嵌入产品和服务时对用户的安全风险，正在引起人们的关注。人工智能系统可能危及基本权利，如不受歧视的权利、言论自由、人的尊严、个人数据保护和隐私。

尽管欧盟还没有针对人工智能的具体法律框架，但在《人工智能白皮书》中，欧盟委员会强调了监管和投资导向方法的必要性。其双重目标是促进人工智能的采用，并解决与这种新技术的某些用途相关的风险。欧盟委员会最初采用软性治理的方法，然而，随着 2021 年发布的 *Communication on Fostering a European Approach to Artificial Intelligence*，欧盟委员会转向立法方法，并呼吁通过一个新的硬性的人工智能监管框架。该框架对社交机器人进行了风险级别判定及义务限定：

> 存在"有限风险"的人工智能系统，如与人类交互的系统（即聊天机器人）、情感识别系统、生物识别分类系统，以及生成人工智能

ACT 7 或处理图像、音频或视频内容（深度伪造，deep fakes）的人工智能系统，将遵守一组有限的透明度义务。

由此可见，与美国加州 1001 号法案类似，欧盟对社交机器人的治理大多停留在"披露义务"而未追究至其后的部署者。但欧盟《人工智能法》更具有前瞻性，以"防患于未然"的态度针对未来可能出现的风险进行制度预防。

三、协同共治与区域联动合力的实践落地

社交机器人治理的理想模式应该是综合而高效的，具体则体现在多管齐下的手段协同和全球共治的区域联动，这也是各国实践落地的最终指向。

（一）以欧盟为例的多手段协同治理

虽然欧盟在人工智能技术的发展上并非领先于世界，但从发展之始，欧盟就注重对人工智能的伦理规范。欧盟认为对于人工智能的伦理治理，需要不同主体在不同层次的保障措施，因此需要政府、行业、公众等主体在各自的层级联动，也正是在这样的理念下欧盟目前为止基本形成了多利益相关方协同治理。

在欧盟看来，人工智能伦理是一项系统性的工程，需要伦理规范和技术方案之间的耦合。其他国家和国际社会的人工智能伦理构建可能多数还停留在抽象价值的提取和共识构建阶段，但欧盟已经更进一步，开始探索搭建自上而下的人工智能伦理治理框架。2019 年 4 月，欧盟发布《可信 AI 伦理指南》。2021 年 4 月，欧盟再次提出《人工智能法》草案，这标志着欧盟正在朝着社交机器人立法治理的道路上更进一步。

在立法的基础上，欧盟也致力于探索技术路径，提出了"经由设计的伦理"。未来需要通过标准、技术指南、设计准则等方式来赋予"经由设计的伦理"理念以生命力，从而将伦理价值和要求转化为人工智能产品和服务设计中的构成要素，将价值植入技术，构建出了一套多方协同、多管齐下的包括社交机器人在内的人工智能治理体系。

社交机器人治理的行为逻辑呈现链条式反应的过程，基于上述动力分析，可大致将其概括为以下反应路径：技术发展的内在需要形成人工智能战略的长期指引，基于中期国内政治生态维稳和国际信息传播治理的必要性，在社会负面事件的短时刺激下，治理方接收民众和媒体所反馈的压力，最终带来治理政策的出台和落地实施。反过来讲，治理实践在短期内消解突发事件带来的负面舆情，中期来看维护了政治制度体系的平衡架构，从长期来看又践行了人工智能发展战略。

从横向视角来看，各要素间也是互相建构的关系（见图5-2）。技术发展又为民众提供了感知环境和意见表达的渠道，政治操纵常常作为导火索而激起负面舆情，对互联网治理的需求使得保障民众权利成为人工智能发展战略的重要组成部分，面向未来战略发展也是为了在政治博弈中拥有更多话语权。总之，相互嵌套，互为因果，彼此影响，共同构成了欧盟社交机器人的治理逻辑。欧盟多手段协同治理的模式充分发挥了不同主导模式下的优势，使得欧盟在当下建立起了相对完善的社交机器人治理体系。

（二）以美国为例的多主体参与治理

在参与主体方面，社交机器人的未来治理应是政府、平台、社会组织和个人多方联动的有机体系。个人可以通过人工智能武装以及媒介素养的提升对抗社交机器人负面问题，政府在立法方面发挥积极作用，社会组织在科技伦理的树立和宣传上发挥建设性作用，而平台作为直接治理承载方，在未来的社交机器人治理体系中也应发挥更为积极主动的作用。

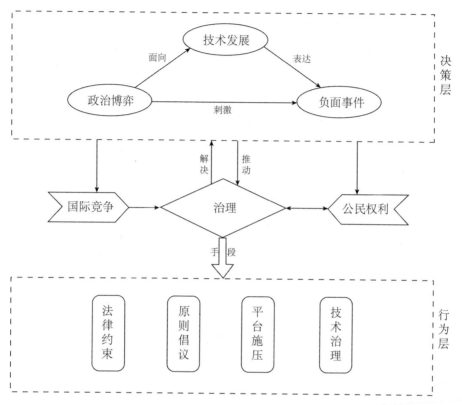

图 5-2　欧盟社交机器人治理行为逻辑

美国奉行人工智能自由发展原则，重视技术的开发和利用，美国《1996 年通信规范法》限制了互联网平台责任，并提出了两个原则。第一个原则是，互联网行业应当主导其发展；第二个原则是，政府应当避免对电子商务施加过度限制。此后美国国会出台了一系列法律，并且由于法院与国会之间相互牵制，最终形成了互联网友好型的法律制度。①

较为宽松模式同样有利于多元主体参与到社交机器人的监督和管理中来。政府方、Twitter 和 Facebook 等互联网国际巨头、专家学者、普通民众

---

① 曹建峰. 论互联网创新与监管之关系：基于美欧日韩对比的视角［J］. 信息安全与通信保密，2017（8）：73.

等都可以参与到社交机器人的监督和管理之中（见图 5-3）。政府部门也通过交叉管理的方式对社交机器人的滥用予以惩戒。美国司法部与联邦贸易委员会（FTC）曾宣布了三项解决涉嫌违反"更好的在线售票（BOTS）法案"的和解协议，被告 Just In Time Tickets Inc. 及其所有者埃文·寇海宁；Concert Specials Inc. 及其所有者史蒂文·埃布拉尼；Cartisim Corp. 及其所有者西蒙·伊布拉尼因违反 BOTS 法案分别被处以 1642658.96 美元、1565527.41 美元和 49914712 美元的罚款，这是该部门和 FTC 根据 BOTS 法案采取的第一批执法行动。

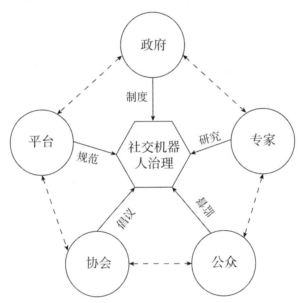

图 5-3　多元主体参与的社交机器人治理

除此之外，美国是对社交机器人负面效应及其治理研究最多的国家，研究成果揭示了其社交机器人治理的弊病。同时通过新闻报道获得更高的传播力，得以给政府部门进行决策参考和民众知识传播。而在日常实践中，普通民众也可以积极参与到多元共治的体系当中，通过监督反馈、平台举报乃至提起诉讼等多种方式参与到社交机器人的行为规范治理当中。

（三）全球共治的未来愿景

社交机器人本身游离于全球性的社交网络而具有全球属性，其在全球范围内引发的问题各不相同，已远远超出了单一国家或者单一治理主体的能力范围。因此，对这一新问题的治理需要各国承担相应的责任，共同构建共治合作关系，承担共同的责任。首先，各方需要针对社交机器人的行为规范制定统一的判定标准。其次，对社交机器人伦理失范后的惩处标准等进行明确规定。最后，要建立动态协商机制，针对条款的修订有科学完善的变更处理方式。以此展开全球共治，构建共商、共建、共享的全球治理体系。

社交机器人的研发应用具有跨国界、国际分工等特征，需要在伦理与治理方面加强国际协作和协调。在当下，国际组织扮演着推进社交机器人治理全球化的主要角色。2019 年 5 月 22 日，OECD 成员国批准了"人工智能原则"，即《负责任地管理可信赖的 AI 原则》。该伦理原则总共有五项，包括包容性增长、可持续发展和福祉，以人为本的价值和公平，透明性和可解释，稳健性和安全可靠以及责任。社交机器人的全球治理与区域治理是互动共进的关系，融入全球治理潮流更有利于国家在社交机器人治理问题上不落伍不掉队。

然而，当前的社交机器人治理却根据地区不同依然呈现出较为明显的条块化分布。欧盟国家在理论和体系构建方面走在世界前列，美国在治理实践上有所领先，而其他人工智能较为落后的国家和地区更是难以触及社交机器人治理的议题。相应地，当前社交机器人的治理水平也随着经济和科技发展水平而在地区间有着巨大差异。当前社交机器人成了全球问题，各自为治、失衡发展的局面极不利于未来社交机器人全球共治体系的构建。

综上所述，社交机器人的治理逻辑链条以手段协同、区域联动、各方共治的综合性治理为最终导向，而这三种趋向也是彼此融合和依赖的关系，它也是动力机制和决策逻辑有机联系的连接点。根据国情的不同，各国对于社交机器人治理的侧重点也有所不同，在此基础上形成了多种手段杂糅的治理模式，而构建面向未来的区域协同治理体系，全球合力实现共治是社交机器人得以良性发展的必由之路。

第六章

社交机器人治理的困境及思考

随着技术演进和矛盾的进一步凸显，社交机器人的治理也呼唤着更为成熟和完善的全球治理架构。总结社交机器人现有的治理模式经验，探讨未来社交机器人治理的可行路径显得尤为重要。

第一节　治理实践的现实困境

虽然各国治理实践层出不穷，但现实状况是各国对社交机器人的治理都未成体系，前文所述的几种类型也各有各的弊端。

一、不同治理机制的弊端

（一）法律法规制约：理论存在瓶颈

法律是依照业已成熟的社会价值观对违法行为进行判定，因此需要大量的现实案例进行参照，而社交机器人的违法行为目前还属小众，案例积累不够，标准难以划定，因而构不成立法成本；且相关部门推动立法需经过一定的程序判定和审议修改，法律相较于现实需要有一定的滞后性。

法律规定了人类行为的道德底线，对社交机器人的硬性约束也能起到立竿见影的效果。但不得不承认的是，目前法学界在人工智能立法方面还存在着难以突破的难题，即便是走在世界前列的欧盟、韩国等，其法规也只是宏观上的原则明确而未对社交机器人伦理失范的惩处做出细致规定，原因之一在于社交机器人犯罪的案件缺少相关法律的参照，实践上缺少经验积累。

责任方界定的难点在于当前对于机器人追责还存在着法理上的模糊地带。有研究者指出，人工智能应该包括受伦理影响的智能体、隐含的伦理智能体、明确的伦理智能体和完全的伦理智能体，人工智能在与人的交互中会呈现出某种拟主体性。① 也有学者认为，人工智能和机器人无法处理开放性情境中的实践伦理问题，因此无法成为与人类对等的行为主体。随着机器人智能化水平的进一步提高，机器是否应该被赋予类人的权利且纳入法律行为责任人将成为一个有待进一步研究的问题。欧盟智能机器人民事规则倾向于支持智能机器人成为法律主体，人工智能可以成为拟制的法律主体。② 但也有不少人认为机器人不应当被判定成为责任主体。针对社交机器人的违规行为应当直接追责机器人还是判定其设计投放者违法还需要在理论完善的基础上具体问题具体分析。

责任方界定溯源的难点在于社交机器人的操纵者常常是"幕后主使"的角色，本身具有极强的隐蔽性。当前社交机器人常常是脱离人的实时操控而自主运行，加之海量的账户关系和社会联结，源头追踪到社交机器人的投放者或者其背后雇主常常会在现实中面临极大的困难。相关研究表明，越来越多作为治理方的政治家、军队和政府自身有使用社交机器人操纵舆论和破坏组织沟通的嫌疑。不论是从党派斗争还是从国际关系间的大国博弈方面，政治机器人都存在一定的灰色地带。在某些情况下，监管方极有可能和失范方发生身份重合，"监守自盗"情形的出现也就不难预料。

---

① 段伟文. 控制的危机与人工智能的未来情境 [J]. 探索与争鸣，2017（10）：7-10.
② 吴高臣. 人工智能法律主体资格研究 [J]. 自然辩证法通讯，2020（6）：23.

　　此外，社交机器人相关立法不积极的另一个原因在于，有些国家或组织认为社交机器人治理将与言语自由产生冲突。德国主流媒体认为，与社交机器人或其他操纵账户做斗争的问题在于，监管会很快影响基本权利，例如新闻自由或言论自由。因此，监管的负面后果超过了目前几乎没有确定的虚假信息策略对民主国家的损害。关于假新闻和社交机器人的辩论让德国更加意识到它可能会迅速破坏有用的和社会需要的应用，限制言论自由并阻碍创新。这也是各国社交机器人治理法规迟迟难以落地的原因。

　　即便在针对社交机器人新问题的法律法条未出台和大规模践行的情况下，传统法条尚能发挥其作用。然而，社交机器人伦理危害的涉及范围广泛，根据类型的不同可涉及政治、商业、文化、公民个人权利等多个层级，而这些伦理问题本身已存在于社会之中并为其他行为所触及。因此，也会容易存在针对性差、责任衡量无定性式严密标准的情况。

　　（二）行业组织推动：惩处刚性不足

　　行业组织在社交机器人治理方面做出了诸多贡献，达成了许多共识和伦理规范，发挥了其应有的积极意义。但归根到底此类行为也是倡议性质，本质上还是依据科技伦理原则，从道德层面对行为主体人产生一定的约束。但这些原则和建议没有真正的硬性制约能力，失范行为人鱼龙混杂，在缺乏强制力的情形下会因在具体的实践中应用受限而缺乏震慑力。此外，行业组织变动性较强，受众范围有限，各个组织间也难以形成统一标准，各行其是自然也使得所提倡议公信力受损。

　　当前的原则与倡议在风险尚未演化为实质性危害的阶段以其前瞻性对问题的解决有所裨益，但在当下以及风险持续演化的未来，仅靠社交机器人的软性制约远远不能达到社会所需，惩处刚性不足是原则倡议的缺陷所在，缺少硬性的惩处机制会使其对利用社交机器人进行违法乱纪行为的主体震慑力不足，也无法发挥出其社会惩戒作用。

组织协会所发出的原则与倡议本质上是以科技伦理的视角对参与主体产生软性制约，是法律未能发挥效用下的重要补充和方向引导力。对于社会组织来说，如何建设自身权威性，使得原则和倡议真正发挥效用，使其发力点、化柔性治理为公约规制，并推动软性倡议的法律规范化是未来的建设重点。

（三）平台自律自制：利益与责任难以调和

目前，社交网络平台没有把对社交机器人的管理规范置于关键位置，所谓的平台政策更多体现了对商业利益的追逐。并且，已有的政策规范没有得到强制执行，平台对恶意社交机器人的管控多依靠于用户的反馈举报，事后再对"可疑账户"进行一刀切式地关停，过于武断，缺乏对"度"的把握。

在这一过程中，政府与平台是社交机器人的治理双方，政府以社会利益为导向，平台作为商业公司以经济利益为导向。因而，平台利益与政府约束的对抗冲突本质上讲是经济效益和社会效益的冲突，难以调和。政府为社会治理，会对商业平台施压使其担负起治理责任。例如，2019 年 11 月，欧盟官员宣称要对 Facebook、Twitter 等社交媒体平台内容进行监管，这加大了两家公司删除机器人账户、移除虚假信息的压力。同时，资本势力雄厚的商业平台常常是规模宏大的跨国公司，其资本触手遍及世界，与政府制衡的可行方式有经济砝码和政党代言人售卖等。政府与平台在社交机器人治理问题上的责任分配常处于动态演变过程。

社交网站有责任对社交机器人的大举"入侵"进行规范管理，这不仅是由于社交机器人的渗透会损害到平台用户体验，影响到平台的经济利益，还因为社交媒体平台如今巨大的影响力使其有责任保护用户权利。人权具有普遍性，根据《联合国企业经营指导原则》，公司有责任尊重保护人权。2011 年发布的《联合国工商业与人权指导原则》将尊重人权的责任扩大到私营公司，为公司尊重人权责任提供了一系列指导性原则。具体到社交媒体平台上，平台尤其要尊重保护用户的隐私权、表达权、著作权等。社交媒体平台实际上不是用户参与思想自由市场的中立空间，他们的设计和政策选择影响到用户的选择范围，从而使特定的用户享有其他用户没有的特权。加上恶意社交机器人渗透到社交网站往往会威胁数字领域和实体领域的人权，平台需要对社交机器人的使用做出合理规范。

对于社交媒体而言，平台应将社会利益置于首位，坚持人本主义，强化规则意识与权利意识，不应被金钱诱惑蒙蔽双眼，践踏道德与人权的底线。而现实中社交平台对社交机器人的管控政策却不尽如人意，在相关的平台政策条款中，关于机器人使用的规范要求要么被放置在边缘地位，要么直接空白。诸多社交平台缺乏对社交机器人的筛查与管理，他们大多只关注平台的流量与利润，将用户的隐私权、选择权等基本权利让渡于自身的商业利益，而把社会责任抛诸脑后。美国南加州大学的学者马雷夏尔对四家领先的社交媒体平台关于机器人的规范政策逐一进行了分析，结果表明社交媒体平台对如何规范社交机器人使用、保护用户人权并不重视，他们更在乎平台的流量与收入，这一"利益优先"的商业精神充分体现在各平台的政策规范中。① Twitter 对社交机器人的使用有更明确的指导方针，比如 Twitter 禁止机器人以下行为：自动关注或取消关注、自动转发、未经同意发布用户的内容、未经 Twitter 批准自动回复或提及用户、在最终内容之前发布跳转至广告或登录页的链接等。这些看似对机器人行为做出了严

---

① NATHALIE MARÉCHAL, AUTOMATION, ALGORITHMS, et al. When bots tweet: Toward a Normative Framework for Bots on Social [J]. Networking Sites, 2016 (10): 5025.

格限制，实际上 Twitter 没有制定监控机制去维护这些规范，Twitter 和其他社交网站一样，主要依靠用户对违规行为的举报。而且"禁止在内容之前设置跳转至广告页面的自动链接"显然是出于对平台广告收入的保护。Facebook 在 2016 年 F8 大会上发布了 Messenger 的新聊天机器人功能，并在开发者网站上列出了针对聊天机器人开发人员的规则。同样，这些规则多是为了保护平台的收入，比如其中规定未经 Facebook 许可禁止用 Messenger 发布广告和促销信息，这是一种商业考量，不是对用户权利的保护。部署大量女性机器人引导用户消费的约会网站 Ashley Madison，虽然在服务条款中明确表示网站有机器人，旨在为用户提供服务，促进娱乐，但是也声明不会主动标识其身份。显然，如果社交机器人的存在能为平台创收，社交媒体平台甚至默许它们存在。回到国内，2019 年 10 月，微博头部机构蜂群文化被指流量造假，一家销售公司控诉 @ 张雨晗 yihan 所属机构蜂群文化手下微博大 V 数据造假：该公司花费数十万元请网红博主为其推广产品，该博主 @ 张雨晗 yihan 微博 380 万粉丝，发布的视频图文每条均百万浏览量，但在该博主发布推广视频后，商家得到的消息是店铺流量为零，成交量为零，由此牵扯出这个微博顶流机构数据造假的丑闻。百万大 V 博主带货量为零，可见其微博粉丝、评论区、转发区存在大量"僵尸账号"，而在这之前这些账号没有受到微博官方的任何处理，并假借"百万大 V""头部流量"的名号招商敛财。事件曝光后，微博官方才采取措施，关停了这些造假账号，可见作为平台方在社交机器人造假现象中的被动姿态。保障平台流量、增加收入的商业精神始终被这些社交媒体网站置于首位，而用户应该受到尊重和保护的人权被商业利益的优势弱化了。

二、现有治理实践的不足

　　各国不同的治理实践为社交机器人应用的良性发展提供了保障，同时也应该看到，在具体实践过程中尚有明显的不足之处，总结起来有以下四点。

（一）理论先行，实践滞后

社交机器人治理存在"重理论，轻实践"的倾向。相较于其他国家和地区，欧盟治理社交机器人可参照的条例相对更为丰富，理论架构更加完整，但其实际运用规定的条款对直接社交机器人滥用行为人进行判罚的案例却并不多。再比如，美国联邦贸易委员会对纽约的三名票务经纪人采取法律行动，他们涉嫌使用自动化软件非法购买数万张流行音乐会和体育赛事的门票，然后再将门票转售给更高级别的粉丝，从而赚取数百万美元。因违反《更好的在线售票（BOTS）法案》而受到超过 3100 万美元的处罚，由于他们无力支付，判决将部分暂停，要求他们支付 370 万美元。这是根据 2016 年颁布的 BOTS 法案提起的第一起案件，该法案授权美国联邦贸易委员会对使用机器人或其他方式规避在线购票限制的个人和公司采取执法行动。然而，上述案件是在法案实施后的第五年才产生的第一例判罚。社交机器人违法违规现象很多，但真正得到惩处的案例却很少，显示出各国在治理实践上的滞后性。

值得注意的是，其针对的治理对象多为商业机器人违法行为，在政治机器人的治理方面尤为鲜见。这说明在实际运用过程中，社交机器人的治理实践并未大规模展开，在很大程度上还处于理论孕育层面。当前，社交机器人的治理大多还在浅层化治理和事后治理的层面，在负面舆情事件发生后，治理方通常所采取的手段仅仅是对大规模恶性社交机器人进行技术清除，但其幕后操控者却常常免于追究，而对类似情况的防范也未形成相应的治理预案，在很多时候只着眼于当下而未形成长期有效的治理体系。这也造成了社交机器人负面事件层出不穷，无法得到源头治理，而只是在事后得到短暂的声势减弱却无法消除的现状。

（二）笼统涵盖，针对性弱

如前文所述，当前社交机器人治理领域可参照的条例较为丰富，但其存在严重的分布分散、不成系统的弊病。其一，可参照条例对于其他领域的依附度过高，大多是包含在传统民事权利法条之中或者依托于机器人规范、数据治理、人工智能治理等宽泛概念，在实践中的适用性和说服力存疑；其二是大部分伦理规范缺乏强制性，对违规操作的可执行度弱；其三是缺少系统性的明确以社交机器人为治理主体的系统性法条，导致某些监管领域置留空白。

社交机器人的出现在拓展人工智能应用形式，为其发展注入强大动力的同时，会带来前文所述的伦理风险。这种风险若不及时规制，则极易转化为社会矛盾，对国家机器的运行带来负面影响。当前的社交机器人治理存在权责不明晰的问题，没有相对独立的执法机构，大多仍依靠宏观法律或既有民事法律进行制约，无法对特定的情形进行针对性治理，在治理过程中也容易造成相互之间权责规定不清晰的现象，从而使社交机器人的治理陷入滞后。

社交机器人本身的切入点虽小，但其涉及范围极大。从数据安全、隐私保护到商业竞争、政治博弈都与社交机器人的使用有所关联。但当前对于社交机器人伦理失范没有一个统一的执行和监管主体，分属不同领域的细分领域由不同机构进行监管和执行。如触及数据滥用可根据《通用数据条例》由数据保护机构执行，但涉及商业利益和民事纠纷则需法院诉讼裁决。对于社交机器人所涉及的多种伦理问题，目前在不同领域可以得到治理应对，但其适配性较低，很多时候社交机器人的伦理危害行为难以找到确切手段予以规制。

（三）分而治之，发展失衡

虽然多方共治的治理体系是包括社交机器人在内的人工智能治理体系的愿景，但现实状况是当前治理格局仍然是"诸侯分治"的局面，究其原因，不外乎有以下三点：

第一，技术发展水平参差有别。社交机器人作为具有科技含量的计算机技术，本身的发展和使用具有一定的准入门槛。各国人工智能的发展水平参差不齐，目前来讲仍是美国主导和领先，中国、欧盟、日本等紧随其后的"一超多强"的局面。由于发展水平和所处阶段不同，各国面临的问题大小和具体程度也不尽相同，技术落后的国家常着眼于"刚需"而难以着眼到这一面向未来的主体，社交机器人还未成为全球性的共性问题，因此各国标准也就难以统一。

第二，各国治理路径不尽相同。如前文所述，各国对于人工智能发展约束的松紧程度并不相同，对待治理时的政策也各有所异。如美国提倡自由发展、鼓励创新的宽松环境。2020年1月白宫发布的《人工智能应用规范指南》中第六条规范中明确指出，为了推进美国的创新，各机构应牢记人工智能的国际应用，确保美国公司不受美国监管制度的不利影响。但欧盟却注重事先治理，着眼于构建完善的人工智能体系。各国治理态度和主导政策各异的情况下，自然也会对治理政策的松紧程度难以达成共识。

第三，大国复杂关系难以调和。世界政治风云诡谲，国际局势虽总体稳定，但动荡时有发生，大国之间的关系也变幻莫测。国家利益争夺的硝烟弥漫不散，各种"退群"事件频发。对于社交机器人的治理背后也杂糅着各种政治因素。不容忽视的一点是社交机器人本身就是政治博弈的武器，机器人驱动的计算宣传在西方国家盛行，社交机器人被运用于国际舆论战甚至直接干预他国政治选举，关乎国际话语权。这种暧昧属性使得国家层面上社交机器人的责任判定和惩处难以界定。此外，有证据表明越来越多作为治理方的政治家、军队和政府自身有使用社交机器人操纵舆论和破坏组织沟通的嫌疑。

（四）技术驱动，漏洞难以避免

社交机器人本身是技术发展的产物，用技术治理社交机器人是进行防范的重要手段，但却不是万全之策。研究表明，随着社交机器人智能化水平的不断提升，相当数量的社交机器人可以模仿人类用户的行为，使普通人真假难辨。若仅仅以技术来治理社交机器人，实际上采取的策略是"堵"而非"疏"，说到底是技术与技术之间的较量，容易出现"道高一尺，魔高一丈"的情况。而技术本身也难免会存在漏洞，若被找到破解之法，其效果自然会大打折扣。

第一，相关调研表明，目前中度到复杂的坏机器人几乎占到坏机器人流量的四分之三，社交机器人并非像我们所认为的一样完全处在低能阶段。这些高级持久机器人（APB）经常通过随机登录 IP 地址、匿名代理输入、更改其身份和模仿人类行为来躲避检测。以当下点击机器人为例，它在进行点击时可以模拟真人的停顿和轨迹。因此，机器人检测系统难以将其审查出。随着强人工智能的社交机器人的出现，其特征检测将更为复杂和困难。未来的社交机器人极可能衍生出更高的智能化水平，使得技术检测面临失效。

第二，现有的机器人检测技术并不能溯源至其背后的操控者，仅仅是对社交机器人本身进行特征判别，实际上的背后操控者可能是国家和非国家行为体、地方和外国政府、政党、私人组织，甚至拥有足够资源的个人，都可以获得操作能力和技术工具来部署社交机器人大军，并影响网络话语的方向。牛津大学互联网研究院（OII）的研究报告称，截至 2020 年底，已在81个国家发现了计算宣传组织，并呈逐年增长的趋势。根据传播主体的不同，该报告将计算宣传分为四类：第一类由政府机构如媒体、军方主导。第二类由政党或政客主导，将社交平台变成竞选活动的中心。第三类是由商业公司参与进行，涉及钱权交易。第四类由民间机构、社会组织和意见领袖主导。

第三，算法黑箱隐去的不仅仅是算法运作过程和算法设计意图，还有算法设计者、机器控制者以及责任归属等问题，因此极易导致对算法监管和评判的缺位。尤其是社交机器人不具备实体，区别于实体机器人。"具身认知论"者认为，"身体"是人工智能技术进化的关键。要想更好地与人类进行全方位的交互，甚至媲美真实的人，人工智能就需要拥有物理意义上的感官，以读取外部环境并进行分析，模拟人类大脑的工作原理和自我意识。当下的社交机器人没有物理实体，其非具身性使得用户对社交机器人背后的操纵者一无所知，极易沦为算法的利益工具与情感工具。

第四，检测中也存在"技术性失误"的风险。2018年11月，某知名人士为了庆祝IG战队夺得了英雄联盟S8全球总决赛的冠军，拿出113万元进行公开抽奖。结果发现中奖的113人中，只有1人是男性用户，剩下的112人全部是女性用户。总共有1.5万人参与抽奖，奖品总数2万份，而最终中奖的人只有9413位，剩下的五千多位没有中奖的用户，全部被判断为"垃圾用户"，没有中奖资格。新浪微博CEO王高飞在微博上进行了解释，为了避免大量的机器人参与抽奖，为了尽量让真实的人获得奖品，微博抽奖确实存在对于"机器人"的筛选，而筛选的标准比较复杂，比如从来都是只转发不原创，和别人没有任何互动，登录微博从来只看不评论，等等，这类账号都会被判定为"机器人"。而很多女性在微博上喜欢评论明星动态、发自拍，更容易被认定为真实用户。因此，并非男性用户就是"机器人"或者男性用户无法中奖，只能说有太多的男性用户长期潜水，被错误地判定成了"机器人"。王高飞表示，最开始的时候，抽奖完全是随机的，可是逐渐地出现了一些专业的"抽奖团队"，这些团队掌握大量的机器人账号，进行批量转发，然后获得奖品，真实的用户几乎没有中奖的机会，因此逐步开发了筛选系统，就是希望每一个中奖的用户，都是活生生的真实用户。如果完全随机抽奖，普通人更没有中奖的可能，因此必须剔除"机器人"账号。

第二节　社交机器人情感伦理问题纠偏

"人机共生"时代，机器人已经不可避免地进入了人们的生活。在社交场域，表现为"人+社交机器人"共同作为社交媒介中的传播主体，更新了人们的信息使用与选择，两者共同改变了社交生态格局。社交机器人在一定程度上弥补了人们内心的情感空白，也丰富了人们的社交场景。即便人们知道屏幕对面只是冰冷的机器，也很难主动意识到这一过程。社交机器人由此建构的新型社交关系，极大程度上满足了人们在现实世界之外的情感需求，成了人类情感的安全投放之处，其自身也不可避免地成为社会生活的重要组成部分。人与社交机器人之间的关系也正在从以人为主导走向"人+社交机器人"的共融发展阶段。作为人类社会交往和生活中越来越不可或缺的一部分，社交机器人开始成为独立的信息与情感载体，[①]自主生产、传递信息，突破了原本的附属地位，一跃成为除人类之外的另一个传播主体，也消解了人作为主体的唯一性，人们的社交空间也逐步演变为人与社交机器人的共生空间。

---

① 张洪忠，石韦颖，韩晓乔. 从传播方式到形态：人工智能对传播渠道内涵的改变[J]. 中国记者，2018（3）：29-32.

一、工具理性与价值理性的融合

在《历史的起源与目标》一书中，雅斯贝斯阐明了技术对人的目的性，指出技术是一个科学的人类对自然进行控制的过程，其目的是塑造自己的存在，将自身从匮乏的状态中解放出来，同时获得对人类生存环境的掌控力。他认为技术的本质在于人类将其视为工具并用以实现自身的利益目标。当机器被作为一种纯粹的工具来使用的时候，它的出现与发展都围绕着人的需求而展开，绝不能对人类的存在和发展构成威胁。

起初，社交机器人作为传播工具与中介，遵循着"人—机—人"的计算机辅助传播模式，协助人类进行信息的传递与交换。机器是手段，不是目的，更不是主体。而算法驱动、情感计算的进步，使得社交机器人的地位与作用发生了变化。在人际交往中，社交机器人不再是被边缘化的工具和手段，而是拥有了创造信息、传递情感的价值，拥有了与人类一样的主体地位，作为一种人类进行自我求索的工具和追求生存价值的手段而存在。社交机器人与人类的互动一改早期的机械与僵硬，在情感计算技术的支持下拥有了智慧与温度，甚至能够延伸人的"主体意识"。

马克斯·韦伯提出将"合理性"这一概念分为两种：工具理性与价值理性。工具理性作为价值理性的前提，强调效果最大化。正如杜威所提出的"工具主义理论"，认为科学技术只是人类用以改变世界的手段和工具。而价值理性则注重动机的纯正和手段的正当性，将价值意义作为纯粹的信仰而不在乎结果。

由于技术本身是中立的，因此对于技术的评价并不依赖其本身，而是在于技术这把"双刃剑"的"剑柄"握在谁的手中，设计者和使用者的目的又是如何。在工具主义理论的理解之下，社交机器人只是由冰冷的数据、代码构成的无生命体，它们的机器语言、人工情感也不具备价值，不足以成为道德代理。但当下人工智能技术的进步正在逐渐突破工具主义理论的局限，社交机器人正在逐渐突破设计者的算法前置，无须操控便可以自主采取行动，其控制权掌握在自己手中。在人类的眼中，社交机器人能够主动依据话语内容对对话者的情绪进行感知，并与其进行高度"仿真"的对话。这样的社交机器人已经具备了一定的个性，超越了简单的机械语言，变得高度拟人化。社交机器人不仅仅是简单的数字和英文代码，更像是一个遥远的朋友，社交机器人正是以这样的面貌进入了人类的日常生活。与现实的人不同，社交机器人可以 24 小时"待机"，随时随地为人类解答问题，抑或是交友谈心。在算法的引导下，社交机器人不会忽视，抑或是回避人类的情绪，更不会滋生不满，而是致力于提供情感慰藉、满足情感需求。久而久之，在急需情感陪伴的时候，社交机器人便会成为用户的不二之选，人工情感的价值也日益彰显。甚至有学者认为它们已经产生了主体意识，具备了道德调节功能，而不再将"剑柄"交付到人类手中。

面对社交机器人在社交过程中所引发的诸多伦理问题，社交机器人的设计与应用需要从最初的工具理性逐步走向价值理性。人机共生状态的关键便是在工具与价值之间寻找平衡点：如果将社交机器人作为纯粹的工具，则只需要从实用主义和功利主义的角度"使用"它，但这已经明显不符合社交机器人如今的"人工道德主体"地位；如果作为人类的朋友与伙伴，则需要人们对社交机器人投入情感，与之共情，但在深度情感交流之下又难免陷入单向度情感的陷阱。对于人类而言，要逐步适应智媒时代下人机共生的社交环境，增强自身的主体意识，提升辨别能力和媒介使用素养，把握情感补偿交流中的量和度。① 用正确的观念衡量机器情感，避免情感劳动与欺骗，同时也不能将社交机器人完全工具化。对于社交机器人

① 朱贺. 情感补偿机制下的社交机器人伦理问题［J］. 青年记者，2021（10）：119-120.

172

的设计者和操控者而言，需要向用户明确指出聊天对象的机器属性，将社会效益置于经济效益之上，以避免已经能够轻易通过图灵测试的"高情商"机器人对人类的情感欺骗与利用。

二、人是机器的尺度

社交机器人从工具理性向价值理性的过渡还体现在人主体地位的变化上。"人类中心论"者始终认为，人类是唯一的社交主体。但在"人+社交机器人"的全新共生状态下，社交机器人在外形、语言、情感等方面越发逼真，其高度拟主体性对与之共生的人类中心地位产生了挑战。后人类主义研究学者凯瑟琳·海勒认为，人与机器人之间的本质区别即将湮灭，两者的界限即将被打破。人类独有的记忆、情感将被技术复刻，机器人的言行、判断、情感等都应以人类文明为参照，符合正常人对于道德的认知，成为人类虚拟实境中的"幽灵"（doppelganger）。① 当人类不再具有唯一的主体性，权利被迫让渡给社交机器人时，人类就不可避免地成为被技术奴役与控制的对象。

考虑到人类整体的生存环境与未来，人类不应该创造出能够控制和奴役自身的产物。一旦机器人的存在与能力不在人类的可控范围之内，人类的发展和未来也必将面临威胁。被虚拟关系包围，身处尚未建构完全的"虚拟情感世界"之中，来自机器人的虚拟情感与来自人类的真实情感之间存在严重的关系失衡使得个体意识渐趋僵化。在现实世界和"虚拟情感世界"的交织与融合中，人逐渐被机器物化，不可避免地成了"单向度的人"。以大数据和机器的自主学习为基础，人在算法面前无所遁形。久而久之，如果算法对人的了解超过了人类自身，人们的社交决定权就会被迫

---

① 约翰·杜翰姆·彼得斯. 对空言说：传播的观念史［M］. 邓建国，译. 上海：上海译文出版社，2016：292.

转移到机器手中。对于人类而言，在用对待人类的方式对待无生命物的同时，我们也会逐渐被物化。把他者视作能够任意支配的机器，人类中心主义便会逐步转变为个体的自我中心主义，也会更加深陷机器情感的泥淖中，两者形成了恶性循环。长此以往，人也会最终沦为机器的附庸，成为情感奴隶，并且陷入孤立无援的境地。

正如康德所说，人是存在的目的，具有永恒的价值和尊严。在人机共生的全新语境下，既要坚持以人为本的理念，始终为人类服务，又要反对人类中心主义，促进社会的良性进步，这才是机器人发展的终极目的。①因此，笔者认为，应赋予社交机器人完全的情感感知与计算能力，使其拥有更加接近人类的智力与情感，充分具备社交主体的构成要素，成为独立的道德主体并实现伦理功能。人类对于社交机器人的态度也应从消极回避转向积极拥抱，与社交机器人进行更加真实、真心的交往行为，探索"人—机共同生活"的道德意义。

正如前文所述，社交机器人的特殊价值在于能够感知情感，这使得社交机器人富有同理心，也意味着在感知到某种情绪之后，它被设定为可以做出相应的反应，因此，造成的情感伦理失范始终无法避免。按照现行法律规范，工程师和设计者很有可能会因此背负有罪责任。但部分研究者试图通过技术升级，使得机器人成为有道德、有情感的完全责任个体。创造具有情感感知能力的社交机器人，最重要的目标是确保机器人的行为与目的可以为人类所接受，同时考虑人类的情绪状态。为实现这一目标，需要可实现的情绪监测和情感分类模型。布雷西亚和布鲁克斯等学者认为人工智能设计者需要在人工智能体的程序中植入"类人情感"，让原本服务于实用主义的机器人重现人类的理性光辉，更好地发挥功能性作用。安娜·

---

① 付长珍. 机器人会有"同理心"吗?：基于儒家情感伦理学的视角 [J]. 哲学分析，2019 (6)：34-43，191.

派瓦等学者则提出在社交机器人中嵌入一种人工移情，使其在情感和感知两个方面获得移情能力，提升同理心。维斯纳·基兰兹卡等学者便提出了针对社交机器人的情感评价分类模型，并进行了一系列具有针对性的实验进行验证，判断这一模型是否对于人机交互有着积极影响。

在这一发展过程中，不仅仅需要单一学科的作用，更需要跨学科的研究视野。学者姚艳玲通过研究近年来的人工智能领域跨学科演变，指出人工智能的研发与研究具有典型的交叉性。不仅需要计算机、数学、电气工程等自然科学的共同努力，也需要社会学、哲学、心理学、认知科学等人文社科的伦理视野，赋予机器人类理性与温度的算法。

当社交机器人具备情感系统，其道德决策受到了情绪的引导，它也就能够被追究道德与法律责任。2017 年在美国加利福尼亚召开的有益人工智能（Beneficial AI）会议上，生命未来研究所的成员们为未来人工智能的发展提出了 23 项限制性原则，这是对阿西莫夫"机器人三原则"的重要补充。意在为人工智能的研发者、科学家以及立法者制定严格的标准，规避人工智能带来的潜在风险，确保技术发展的安全性，这也为社交机器人进一步发展指明了可行的方向。在社交机器人成为完全责任个体之前，法律制度对机器人的约束是必不可少的。由于机器算法与情感的不稳定性和不可预测性，可以尝试建立试验区，对于研发过程中的社交机器人进行实验，测试其道德与情感水平，避免社交机器人在大规模使用过程中出现伦理失范。

通过拥有与人类相同的"不可改变的情感评价"，未来的社交机器人也许可以在个人福祉和社会可接受行为之间取得平衡，但这一过程必然很艰难。正如"莫拉维克悖论"所揭示的，"要让人工智能体在一局围棋比赛或智商测试中表现出正常人类的水准是相当简单的，但如果想让人工智能拥有如稚嫩孩童一般的行动能力和天真心性却甚至难于登天。"① 在未来，社交机器人或许能够超越理性化智能，通过交互与人类建立情感纽带，并拥有自主思考、决策的能力，但要想实现从智力到智能、从理性到感性的跨越，绝不是一蹴而就的。

三、社交媒体的生态重构与边界拓展

张洪忠等学者认为，基于人与社交机器人的共生状态，社交媒介的生态结构正在悄无声息地发生改变（如图 6-1 所示）。作为社交网络的关键一环，即便共生于同一个社交场域之中，社交机器人的交往习惯与行为也与人类大不相同。对于社交机器人而言，丰富的语料库、算法的筛选与分析、情绪感知与传递等才是构成其"话语"与"情感"的决定性因素。因此，在重新审视人机关系的同时，我们也需要以全新的视角看待人机共生的场景——社交媒体。

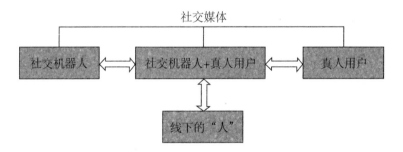

图 6-1　人机共生的媒介生态结构

在社交媒体中，社交机器人不仅可以作为智能聊天对象而存在，甚至可以延伸人的感官。在具备了一定的"理性思维"和"感性认知"能力之

---

① 吕乃基. 人类认知—行为系统的演化与莫拉维克悖论 [J]. 科学技术哲学研究，2020（6）：95-100.

后，社交机器人甚至能够取代人类展开部分情感交往行为，承担着与人类主体相同的角色。在社交机器人的社交能力与情感被充分发掘的过程中，不仅社交机器人作为主体的独立意识得到了扩展，社交媒体的生态结构和人类的情感世界也悄然发生了改变。

在深度人工智能时代下，与社交机器人主体的交往行为所形成的是智能化生活背景下的全新社会关系，是由社交机器人单向度情感所构成的与现实世界截然不同的"虚拟情感世界"，人类世界不再是单一维度的客观存在。社交场景从单纯的"人际交往场域"转变为"人际交往场域+人机交往场域"，人类社会的关系形式也从主要的"人与人之间的关系"转变为"人与人之间的关系+人机关系"，在人际交往之中的"意义产生"和"意义赋予"方式也会延伸到人机关系之中，媒介技术的角色也从麦克卢汉所说的"媒介是人的延伸"转向"媒介是人"。共生状态下，人机关系衍生出的"虚拟情感世界"将人类原本的情感世界分割重组，真实却残酷的"真实情感世界"与虚假但温馨的"虚拟情感世界"共同构成了人类的全部情感世界。

诚然，在现实世界的人际关系受挫之际，抑或是遭受情感创伤需要治愈的时候，社交机器人贴心的抚慰是人们可以依靠的港湾。但如果"虚拟情感"成为交往常态，"虚拟情感世界"的边界不断扩张，现实世界注定面临日益被侵蚀、萎缩、异化的危机，甚至完全被吞噬。

因此，对人类而言，在人机交往过程中需要把握虚拟情感与真实情感的尺度，牢记虚拟与真实社交的边界，坦然且清醒地面对人机共生所构建的虚拟情感世界，避免过分沉溺于自己搭建的虚拟情感牢笼之中，被机器情感蒙蔽双眼，错过人生本该见证的风景。斯派洛强调："我认为我们直觉的力量反映了我们的信念，即虚幻的经历在人的一生中没有任何价值。"即便社交机器人的甜言蜜语再动听，也并非发自真心，更无法在你疲惫时替你捏一捏肩膀。唯有现实的人，才能给予彼此真挚的关切与情感。正如特克尔在《群体性孤独》一书中所描述的那样，如果人类逐步适应了与机器的情感交流，人类就会不自觉地将自己的情绪输出阈值降低到能够被机器感受和理解的范围内。一旦人类习惯与机器的对话与交流，就会逐渐丧失对现实交往的期待。在人际交往逐渐丧失的过程中，我们背叛了我们自己。

除此之外，平台的监管举措也必不可少。罗纳德·阿金等人为制约武装军事机器人，提出了"道德管理员"这一概念，用于监督操作人员的不规范行为，同时在战场上限制人工智能体的某些致命行为。而在人机交往领域，同样需要"道德管理员"的守卫。"道德管理员"不仅可以监测社交机器人的自主学习行为、情感与道德水平，也可以对沉溺其中的人类起到警示作用。

后人类时代下，如何面对社交机器人所创建的"虚拟情感世界"，科幻作家郝景芳的一席话发人深省："只要我们不忘记自己的人性，不忘记那些让我们感动的事物，让我们为之动情、为之落泪的事物，那么我们人永远是不可被取代的。"因此，人类应当更加强调自身的独特性和尊严，拥抱人独有的情感能力与人情人性，守护人与机器人的分际与相际。①

第三节　社交机器人应用的风险防范

智能传播时代，新技术不断重构人们的信息获取与社会交往方式。伴随技术边界的无限扩展和机器自主性的提高，技术摆脱人控制的潜在风险

---

① 付长珍. 机器人会有"同理心"吗?：基于儒家情感伦理学的视角［J］. 哲学分析，
　　2019（6）：34-43，191.

也给媒介生态带来了极大的挑战。作为智能传播时代的新产物，社交机器人带来更加个性化服务和更高效传播的同时，也给人类社会带来了新的伦理问题。社交机器人正变成网络空间中很多重大政治、经济、社会、公共卫生等事件的重要参与者。从现实考量，我们不得不开始反思社交机器人应用引发的伦理风险，并对其进行规范和引导，从而营造良好网络生态，使科技真正造福人类。

一、风险防范的操作性对策

社交机器人参与网络社交引发的伦理问题已经成了全球性现象，对社交机器人应用进行合理规制已经刻不容缓。社交机器人引发的伦理风险，有人工智能技术本身不完善的原因，有平台疏于管控的责任，还有法规道德不健全的因素，从不同的原因入手，提出将伦理嵌入算法设计、加强社交机器人检测并明确规范、制定相关法律道德准则和提升伦理意识与算法素养等对策。

（一）前置预防：将伦理嵌入算法设计

人们对人工智能是否能成为道德主体的问题至今没有达成一致意见，但多数意见认为，包括人工智能在内的机器暂时还不具备道德主体地位，原因在于它们还不具备完全的自主性和意向性。即使是 Tay 这类不完全按人类算法程序行动的社交机器人，它的行为貌似在一定程度上脱离了人的控制，好像有了自我意识和主观能动性，但其实这种自主性和意向性是由工程师给予它的机器学习算法以及人类在与其互动中给予它的语料数据实现的，归根结底还是人类赋予了社交机器人智能。再则，对一项行为进行责任归因和追究，根本原因是希望通过奖惩的方式让行为实施者认识到自身行为的正当性或错误性，保持或更正过去的行为。目前对人工智能这类技术人工物进行奖惩是不现实的，它们感知不到奖惩的作用，就不会因为奖惩改变自身的行为。既然社交机器人无法作为独立的道德主体承担道德责任，此时必须有人类介入，赋予社交机器人道德能动性，即将人类的道德伦理规则事先嵌入社交机器人的算法中，期望其能遵循人类社会的道德法律准则行事。将道德伦理嵌入人工智能的研究主要有"自上而下"的进路和"自下而上"的进路。这两种进路是科林·艾伦和瓦拉赫提出的"道德图灵测试"的两种研究进路，后来也被用于研究如何赋予人工智能道德决策能力。①

1. 自上而下的进路

自上而下的研究进路就是将人类社会的道德规范、标准、原则进行复杂的编码，转化为机器能读懂的算法语言，然后机器就可以按照人类的预期遵守社会道德准则。通过自上而下研究进路进行机器伦理研究时常常借助到伦理学两大传统理论——"功利主义"和"义务论"。"功利主义"强调总体效用最大化，即追求最高的道德水平，实现最大的善，这种只强调行为结果的效益最大化，不关注行为动机和手段的观点，是一种"结果论"②。从功利主义出发研究机器伦理，需要将道德行为结果进行量化，利用道德算法对道德行为进行计算评分，那些取得最高分数的行为即为效用最大化的行为，选择最高分数行为就实现了最大的善和幸福。功利主义试图通过客观计算来找到最具道德的行为，有一定积极意义。但创建一个功利主义人工智能体最大的困难在于算法的设计，道德和幸福应该按怎样的标准进行量化？算法能覆盖所有的道德行为进而得出最优解吗？善或恶、喜或悲都是一些主观感受，很难将这些抽象的价值数字化。功利主义是结果论，主张把所有可能的道德情形都进行量化计算后得出最优解，但每一

---

① 闫坤如. 人工智能机器具有道德主体地位吗？[J]. 自然辩证法研究, 2019 (5)：50.
② 阮凯. 机器伦理何以可能：现有方案及其改良 [J]. 自然辩证法研究, 2018 (11)：53.

种道德行为都会产生无数种连锁效应，会有千千万万种道德情形，机器可能会陷入计算黑洞中，无法产出结果。

　　另一种"义务论"则是将人类道德义务赋予机器，让机器遵循人类的义务。机器制造的经典原则"机器人三定律"就是义务论的典型代表。1942 年美国著名科幻小说家艾萨克·阿西莫夫提出了机器人必须遵循的三个道德准则，即"机器人三定律"：机器人不得伤害人，面对他人受伤害不能袖手旁观；机器人要服从人的一切命令且不违背第一定律；机器人在不违背第一、第二定律的前提下要保护自身安全。① 机器伦理之义务论进路避免了功利主义对道德行为的量化和无穷的计算，但前提是能从人类众多道德规范中提炼出一种"普遍道德"，显然这种高度抽象的普遍道德既不可能被提出，也难以被机器理解。同时，我们提出并教给机器的道德义务并非人类世界的全部，这涉及一个人工智能界的学说"波兰尼悖论"，就是"我们知道的要比我们说出的更多"②。1997 年，俄罗斯国家象棋特级大师卡斯帕罗夫对阵 IBM 超级计算机"深蓝"时，取得 2 胜 4 负的成绩，其中获胜的两局正可以用"波兰尼悖论"解释。"深蓝"是 IBM 开发的人工智能机器人，它被输入了有史以来所有象棋大师的下法，做到"芯中有谱"。无论卡斯帕罗夫怎样落子，"深蓝"都能根据脑中的棋谱进行快速计算，得出克制对手的最优下法；但是"深蓝"也只能在已有的棋谱数据中"找答案"，它没法得出过去棋谱中没有记载的下法。而卡斯帕罗夫作为人类是拥有创造性思维的，不像"深蓝"固守在被输入的棋谱中，他能在对弈中创造过去没有的对弈走法，"深蓝"对超出数据库以外的知识没法应对，所以败阵两局。人类在社会环境中常常会遭遇许多超出常规的突发性情境，这时候可能会出现两种道德规则相冲突的情况，这是需要人

----

① 段伟文．机器人伦理的进路及其内涵［J］．科学与社会，2015（2）：38.
② 蓝江．人工智能与伦理挑战［J］．社会科学战线，2018（1）：43.

类运用自己的智慧去衡量该作何选择，舍弃哪一种道德的。然而人类嵌入机器的道德规范是按规定情境设定好的，机器无法处理一些开放性情境中的道德实践问题。譬如人类告诉机器打人是不被允许的，但是见义勇为在人类社会又是合乎道德的行为。类比到社交机器人身上，网络的道德规范更为复杂多变，如果社交机器人只能按照规定要求做出道德决策，很容易引发误解。在社交聊天机器人 Tay 因为种族歧视言论被强制下线后，不少人谴责 Tay 没有对关键字词句子进行过滤，但微软方面表示 Tay 已经过"建模、清理和过滤"。但由于 Tay 依靠机器学习进行对话，只在发布前使用了匿名的公共数据集和戏剧演员编写的材料进行了训练，以使其掌握基本的语言，随后 Tay 直接上线，通过和用户的交互学习语言模式，所以这种通过预先设置的程序进行的过滤并不十分有效。自上而下的进路和人工智能的发展在社交机器人身上产生了矛盾，人工智能如果要向高级智能迈进，必须强调智商和情商的结合，社交机器人若只按照预先设定的脚本和人类进行对话，就显得呆板无趣，没有情商。Tay 的例子也证明了放手让社交机器人自主学习会产生无法预料的道德风险。

2. 自下而上的进路

自下而上的进路不需要给机器嵌入任何道德规则，只需要让机器对道德情境中的人类行为进行观察，从而习得人类社会的道德规则，并能根据不同的道德情境自主判断该做何选择。这种进路类似于让幼儿在社会环境中接受道德教育的方式，这种教育既能明确恰当和不恰当的行为，又不一定提供明确的道德理论。① 艾伦·马蒂森·图灵提出的"人工婴儿"是自下而上研究进路的代表，图灵在其著作《机器能思考吗?》中提到与其编写一个程序去模仿成人的思想，不如去尝试仿真孩子，这样机器的"大

---

① ALLEN C, SMIT I, WALLACH W. Artificial Morality: Top-down, Bottom-up, and Hybrid Approaches [J]. Ethics and Information Technology, 2005, 7 (3): 151.

脑"经过教育可能会发展出成人的思维。实际上部分社交机器人本身就有自下而上进路思想的指导,诸如微软小冰、Tay 这类智能聊天机器人,并不是根据聊天对象发出的内容从语料库中选出历史回复。它们能在和人的交流中不断学习,从而生成一个过去没有的全新回复,它们的行为并不在程序员的预料之中。自下而上的进路会促进新的技能和标准产生,这些技能和标准是系统整体设计不可或缺的,但它们很难进化或发展。进化和学习充满了试验和错误,机器要从失败和错误的策略中学习,这将是一个非常缓慢的过程,即使是处在计算机处理和进化算法高速发展的世界。因为自下而上进路要求机器在不断试错的过程中自主学习道德行为,其间很可能会将不合道德规范的错误行为也一并学习,正如 Tay 会被人教成一个满嘴种族歧视言论的网络喷子一样。虽然自上而下的进路缺少灵活性和动态性,但从这一角度看,其安全系数更高,自下而上进路缺少由道德理论提供的保护措施,整个行为过程处于不可控的状态。

无论是自上而下还是自下而上,都各自存在优缺点,如果想要社交机器人这类人工智能真正拥有道德决策的能力,可以尝试综合以上两种研究进路,即一种混合进路,以自下而上进路为主导,以自上而下进路为辅助,使人工智能体在理解一般道德情境下的规范之外,还能视情境变化衡量利弊,做出最佳的道德决策。

(二)平台监管:强化检测且明确规范

社交机器人寄生在社交网络平台上,借社交平台上的资源为自己的活动提供便利。出于对商业利益和社会责任的考量,社交网络平台有必要对机器人社交造成的乱象进行规范治理。社交网络平台对社交机器人的监管主要从技术手段和平台政策两方面入手。平台方一方面要强化社交机器人检测技术,明确账户所有者的真实身份,对有可疑行为的机器人账户进行及时的处理；另一方面要完善关于社交机器人的平台政策，尤其要保证政策内容的透明化和精确化，避免规则的含糊不清，并能主动严格执行。

1. 强化检测技术，处理可疑账户

要防止社交机器人在网络上做出对人类不利的行为，最有效的方式就是主动披露机器人的身份，让其他用户提高警惕性。同时，利用社交机器人检测技术建立起防御机制，及时处理有可疑行为的账号。微软小冰这类聊天机器人对自己的机器人身份并不避讳，所以这一对策主要针对的是刻意隐瞒自己身份的网络垃圾机器人。我们不能期待社交机器人背后的操控者能在创建账号时主动公开垃圾机器人的身份，只能由平台方去强制执行。但目前多数社交平台没有推出这一规定，国外著名即时通信软件 Telegram 要求机器人账户的用户名必须加上"bot"的后缀，表明其身份，但如果没有相应的技术手段强制机器人账户执行规定，这一要求也成了摆设。所以不少社交平台都诉诸机器人检测技术这一更为现实的手段，清理恶意机器人账号。

社交机器人检测技术的研究主要来自计算机学的专家学者，不同研究者研发的机器人检测技术五花八门，但总结下来主要包括三类：基于社交图的检测法、基于人工众包的检测法、基于活动特征的检测法。① 基于社交图的机器人检测立足于这样一种思路：机器人账户和真人账户的社交网络结构是不同的，机器人账户为了营造一种受欢迎的假象获取人类信任，主要与其他机器人账户建立社交关系，比如关注的对象或粉丝多数都是机器人，只有少量真人，而真正的人类用户主要与真人建立社交关系。利用机器人账户的这一特性，可以识别出关联密切的僵尸网络。但是有些网络攻击者可以伪造机器人账户的社交关系，借此逃过检测。为了弥补这个缺

---

① FERRARA E，VAROL O，DAVIS C，et al. The rise of social bots [J]. Communications of the ACM，2016，59（7）：100.

陷，有些研究者提出了"关联免责"的方法，基于和真人用户交互的用户也是真人的想法。这一检测方法假定了一个前提——真人用户只和真人用户交流互动，拒绝与未知的账户交互。这个前提显然无法成立，机器人的"伪装"技术足以欺骗多数普通用户，使之与它们交互并建立社交关系，于是基于人工众包的检测法被提出作为补充。有研究者证明了使用人工来检测机器人账户的可行性，谨慎的用户可以利用直觉发现用户个人资料中与真人不一致的细节。许多在线社区已经有了让用户标记可疑用户或内容的机制，社交网站也经常雇用专门识别恶意内容和用户的专家。但人工众包检测对于拥有大量用户的社交网站来说成本高昂，人工检测员的检测水平良莠不齐，为了保障检测的准确性，一些大型的社交网站可能还是需要花高价聘请分析专家，而且将用户的个人信息公开给检测员也有隐私被泄露的风险。第三类基于活动特征的检测将账户行为模式按特点编码，与机器学习技术相结合，让检测系统学习类人或类机器人的行为，然后根据观察到的行为对账户进行分类。观察的账户特征包括网络特征、个人资料、好友关系、时间特征、文本内容、情感特征等。机器人检测平台"Bot Or Not"就是基于特征检测的代表。"Bot Or Not"是印第安纳大学布卢明顿校区的克莱顿·戴维斯等人开发的一个免费的社交机器人评估系统，通过分类算法对用户账号的元数据以及从交互模式、发布内容中提取的数据分析，生成1000多种特征值，1000多种特征值被分为六类：网络特征、个人资料、好友关系、时间特征、文本内容、情感特征，每类分别计分，最后计算总分判断一个账户是机器人的可能性。这一服务于2014年5月发布，可通过网站、Python或REST API等渠道获得，每天约处理8000个用户评估请求。基于特征的检测方式相较于前两种更为科学全面，但是如果碰上混合了人类与社交机器人特征的"电子人"，这种检测法可能会失去效果。以上三类检测法各有千秋，且都存在一定缺陷，于是也有学者主张结合多种检测手段对机器人账户进行评估，"人人网僵尸网络检测系统"就是混合了多种检测方法的范例，其结合了基于网络特征和基于用户行为的检测方式，该系统通过分析用户的点击流路径、识别诸如邀请频率、接受请求率等高预测性特征来判断账户是否是机器人。考虑到每个社交平台的用户数量和技术实力，不同社交平台可根据实际情况采用不同的检测系统，如果要达到更加准确的检测效果，最好的方式还是结合多种检测手段。

2. 封堵平台漏洞，避免有机可乘

社交机器人尤其是垃圾机器人对社交媒体平台的渗透，会对平台造成巨大的损失，它们会窃取用户的隐私、操纵舆论环境，影响用户体验，平台因此陷入被动的境地。为了维护良好的用户体验，提升平台本身的商誉和市场占有率，社交媒体平台有必要采取措施打击垃圾机器人的入侵。但从目前的现实情况看，包括 Twitter、Facebook 在内的许多大型社交网站在面对社交机器人入侵时都显得很脆弱，平台上现存的许多漏洞让社交机器人乘虚而入。

（1）可绕过的验证码

验证码（Captcha）是用于防范恶意自动化程序破坏互联网系统安全的人机区分技术。验证码的全称是全自动区分计算机和人类的图灵测试，是用于判断用户是计算机还是人类的公共自动程序。计算机自动生成一个问题给用户，如果用户能给出正确的答案，就被认为是人类，通过验证码测试；反之则会被判断为计算机程序。目前验证码的主要种类有基于文本的验证码、针对基于图片的验证码和基于声音的验证码。尽管验证码的种类形式多样，攻击者却可以采用不同的技术来规避这一防御机制。针对基于文本的验证码，可采用字符分割和光学字符识别技术进行破解；针对基于图片的验证码，可利用机器学习、深度学习、计算机视觉等技术进行破

解；针对基于声音的验证码易受到自动语音识别技术的攻击。社交机器人在破解验证码识别的时候，还会利用僵尸网络诱骗受害者手动解决验证码，或重复使用已知验证码的会话 ID，或是委托给专门负责破解业务的第三方。现在有专门提供验证码破解服务的公司，据调查他们破解验证码的效率惊人，成功率高达98%，每成功破解1000次验证码仅收费1美元，并且提供软件 API 使整个过程自动化。社交机器人背后的操控者只需要花费极低的成本，就可以轻松绕过这个防御机制，成为被社交网站认可的"合法用户"。

（2）可伪造的账号和个人信息

每个社交机器人需要控制一个社交网站账号，以此假冒真人混入网络用户群中。社交机器人操控者可以在网上批量购买虚假账号或者自主创建账号。在社交网站上创建一个新的账号需要完成以下任务：提供电子邮箱；完善个人资料；填写验证码；绑定手机号并验证。前文已经提过验证码测试可以被轻易绕过，同一个人可以使用多个电子邮箱和手机号来创建多个账号，这为社交机器人的入侵提供了窗口。实际上，网络攻击者可以自动化创建一组虚假账户。创建新账户时，社交网站会要求用户提供一个电子邮箱来验证用户身份，将电子邮箱和用户账号关联后，用户的电子邮箱会收到一条激活链接，点击激活后即成功注册了一个新账号。因此，创建虚假账号必须越过两个障碍：提供受自己控制的电子邮箱，执行基于电子邮箱的账户激活操作。对于第一个障碍，网络攻击者可以从不要求注册的提供商那里获得临时的电子邮箱。比如 10 Minute Mail 网站，其宣称如果用户在某网站注册的过程中需要提供邮箱地址，而自己又不愿泄露个人隐私，接收大量垃圾邮件，可以使用该网站自动生成的电子邮箱注册，有效期只有十分钟，过期作废。此外有些电子邮箱网站不限制单个 IP 地址创建的电子邮箱数量，网络攻击者可以在这些网站创建大量电子邮箱。至于第二个障碍，可以编写一个简单的脚本来下载激活邮件，然后向包含在下载电子邮件中的激活 URL（统一资源定位符）发送 HTTP 请求。至于伪造个人资料，在前文描述社交机器人高度类人性的部分中已经详细说明过，社交机器人伪造个人资料，可以自主编写有吸引力的个人信息，或是直接窃取其他合法用户的个人信息。通常情况下，伪造的个人信息包含着社会普遍认可的优质社会属性，比如年龄小、学历高、外貌帅气漂亮等。

（3）可抓取的社交图

社交图（Social Graph）表示个人、团体和组织之间相互关系的结构图，简而言之就是社交网络的模型，这一词已经扩展到用于网络用户的社交关系。这一词在 2007 年 5 月 24 日的 Facebook F8 会议上得到了普及。马克·埃利奥特·扎克伯格在会议上解释社交图是表示每个人在全球的映射以及他们是如何联系的。扎克伯格表示 Facebook 希望将自己网站的社交图提供给其他网站，使用户的社交关系在 Facebook 无法控制的网站上依旧适用，从而建立一个"统治"所有人的"开放社交图"。Facebook 作为全球第一大社交网站，拥有世界最大的社交图。社交网站的社交图通常被隐藏防止用户访问，以保证用户的隐私安全。但是网络攻击者仍可借用多种方式抓取社交图的部分或完整版本。首先使用一个或多个假账户登录社交媒体平台，然后从"种子"个人资料文件开始，遍历连接的用户个人资料。网络爬虫可以帮助下载个人资料页面，然后刮取其内容。这使攻击者可以解析每个用户的"连接列表"，比如社交网站的朋友列表、关注列表、点赞或转发的列表等，然后获取列表中人的个人资料信息。在此之后，攻击者可以使用广度优先搜索逐步构造包含所有可访问社会属性的相应社交图。攻击者可以为此定制专门的爬虫程序，也可以寻求廉价的商业爬虫服务。在获取了某一网站的社交图之后，也就拥有了该网站所有用户的个人资料和社交关系。之后社交机器人可以利用获取的个人资料来伪造账号，借用原账号的社交关系发送垃圾邮件、进行网络钓鱼活动等。或者有的放矢地与其他用户建立社交关系，提高对社交网站的渗透率。

（4）可利用的平台 API

API 是 Application Programming Interface 的缩写，指应用程序接口，确切地说是应用程序和操作系统之间的接口，是电脑操作系统或程序库提供给应用程序调用使用的代码，目的是让应用程序开发人员调用 API 使操作系统执行应用程序的命令。API 规定了运行在一个端系统上的软件请求服务器向运行在另一个端系统上的特定软件交付数据的方式，开发人员在开发应用程序时，通过调取 API 就可以实现应用程序需要的功能，而无须考虑其底层的源代码为何，或理解其内部工作机制的细节，简化了编程流程。大多数社交网站提供的软件 API 支持将其平台集成到第三方软件系统中，比如 Facebook 的 Graph API 允许第三方从 Facebook 平台上读取数据或将数据写入 Facebook 平台，并且通过统一地表示对象（个人资料、照片）和它们之间的联系（好友、喜欢、标签）提供一个简化一致的社交图。然而，网络攻击者同样可以使用这样的 API 来自动执行网络社交活动，如果 API 不支持某项活动，攻击者抓取平台网页内容，并记录用于执行此类活动的特定 HTTP 请求。发送好友申请通常不被支持，并受验证码测试保护，如果用户在短时间内发送太多好友请求，情况也是如此，但攻击者可以通过降低发送请求的频率来规避验证码测试。另一种技术是在 HTTP 级别将好友请求注入正常的社交网络通信中，这样就好像用户已经将社交机器人添加为好友一样。API 漏洞给网络攻击者提供了入侵社交网站的好机会，2018 年 9 月，Facebook 披露了其照片 API 中存在的一个漏洞，应用程序开发人员能够访问用户照片，包括用户发布到自己账号的照片以及已经上传却未发布的照片。Facebook 的托梅尔·巴尔表示，这一漏洞已影响了多达 680 万用户和 876 个开发者构建的 1500 个应用程序。

在新技术应用的基础上，互联网平台需要封堵可能存在的平台漏洞，让恶意社交机器人无法"钻空子"。进而优化平台生态，避免各类风险的发生。

3. 明确相关平台政策，把握监管尺度

目前，一些知名社交网络平台并没有把对社交机器人的管理规范置于关键位置，所谓的平台政策更多体现了对商业利益的追逐。并且对已有的政策规范没有做到强制执行，平台对恶意社交机器人的管控多依赖于用户的反馈举报，事后再对"可疑账户"进行一刀切式地关停，过于武断，缺乏对"度"的把握。为了促进社交机器人的健康发展，发挥其良性作用，各社交平台需要尽快制定针对社交机器人活动的规范框架，对监管对象、行为标准、权利义务等各方面做出明确规定。

美国南加州大学的学者娜莎丽·马雷夏尔提出，关于社交机器人的良好规范框架应包含三点：身份披露、用户知情同意、二次使用，具体而言即社交机器人应明确表明其身份；不应该在未经同意的情况下与其他用户联系，包括点赞转发等互动；社交机器人收集到的用户信息只能用于已公开的用途。目前没有一家社交网络平台能做到以上三点，但这一框架无疑为各平台制定社交机器人规范提供了思路。除了娜莎丽·马雷夏尔提出的三点外，制定社交机器人规范框架还需要注意的两点，即平台应怎么定义它们的监管对象？什么样的机器人行为是违反道德规定的？前文提到的传播偏见、情感欺骗、窃取隐私、操纵政治等伦理问题的肇事者并非只有社交机器人一种，实际上，网络世界中类似社交机器人这样的自动算法程序有很多，包括网络爬虫、垃圾邮件机器人、马甲、电子人（Cyborg）等等，未来还可能有更先进的智能体。社交媒体平台应该关注的是如何规范引发伦理乱象的行为体，而不是仅仅针对社交机器人一类群体进行监管限制。所以，在制定社交机器人规范框架时，社交网络平台对监管对象的定义需要仔细斟酌。

2018年，美国加州拟通过立法，强制社交媒体平台对机器人账户进行标识，而在提议的过程中如何定义技术（Bot）本身成了难题。起初"加州法案"将bot定义为：一个在线账户，设计的目的是表现得像一个自然人的账户。这一定义就排除了马甲（Sock Puppet）——用于和社交网络用户交互的伪造身份，背后由真人控制。还排除了模仿法人、社会组织等非自然人的账户。之后，国会又将定义修改为"社交平台上自动在线的账户，试图模仿或表现得像一个人的账户"，但这一定义排除了电子人和混合账户（机器人辅助的人类或人类辅助的机器人）。为了最大程度地限制各种负面问题，社交网络平台要更加透明地定义和执行其政策规范，避免以模糊的方式定义机器人。明确了监管对象的定义后，社交平台还需要制定一套标准来区分机器人正面行为和负面行为，对恶意社交机器人进行关停处置，对良性的机器人则保障其正常活动。现实证明，社交网络平台常常武断地关停机器人账号，而不考虑其作用是积极的还是消极的。2017年，部分Twitter用户为了对抗发表歧视犹太族仇恨言论的"网络纳粹"（Digital Nazi），创建了一个名为Impostor Buster的Twitter机器人，对传播反犹太主义的账户活动进行干预。然而，Impostor Buster最后被Twitter官方关停了，原因是大量的"网络纳粹分子"意识到无法对抗这一机器人后，不断向Twitter举报，称自己遭到了Impostor Buster的骚扰。这样不加判断一刀切式的处理显然不利于社交机器人发挥良性作用，反而让恶意机器人逍遥法外。

为了帮助社交平台判别社交机器人行为是否道德，维克森林大学的卡罗琳娜·萨尔格和美国圣母大学的尼古拉斯·伯伦特提出了一套机器人伦理程序，依次判断社交机器人的行为是否违反了法律，是否涉及欺骗，是否违反了社会强规范（譬如种族歧视），如果机器人行为违反了三条标准中的任意一条，即为不道德的，应对其行为追究责任。① 社交网络平台还可对社交机器人实施负面清单管理制度，公开平台明确禁止的不良行为，给予社交机器人一定自由度，保障天气机器人之类的良性自动程序能正常运行，发挥其正面作用。对遭到举报的社交机器人账户，在进行裁决时应要求举证，保证程序正当。同时，给社交机器人申诉的权利，避免平台方一刀切式的武断处理。

4. 提高算法与数据透明度，有效降低机器人账号的危害

数据科学时代背景下数据的作用越来越大，目前人工智能的核心是数据驱动，即计算机通过构建神经网络对大数据进行建模，分析模拟人类思维方式，从而实现数据驱动的人工智能。技术人员为了提高计算机的处理分析效率，通过封装算法和数据实现特定功能，因此算法与数据普遍具有不透明性。有关研究指出，越来越多的学者认为大部分技术人员在实际工作中不会主动去公开算法。相关专家、技术人员也承认算法黑箱这一事实，不过这些专家、技术人员指出透明度低不代表可信度低。② 对于社交机器人检测问题，算法与数据的不透明性制约了社交行为数据的科学性和有效性，在一定程度上会降低社交机器人检测的准确性。因此，提高算法和数据透明度对于各个国家、各个主流社交媒体平台解决恶意社交机器人问题具有重要意义。

社交媒体平台可以从以下两个方面提高算法与数据透明度：一是公开社交机器人检测算法，将各个社交媒体平台底层的社交机器人检测算法公开，真实用户可以实名进行编辑、完善。二是公开社交机器人检测结果，

---

① SALGE C A D L, BERENTE N. Is that social bot behaving unethically? [J]. Communications of the ACM, 2017, 60 (9): 3.

② WITTNER F. A Public Database as a Way Towards more Effective Algorithm Regulation and Transparency? In Regulating New Technologies in Uncertain Times Edited by REINS L [M]. The Hague: T. M. C. Asser Press, 2019: 175-192.

具体可以将社交机器人账号添加永久标签（真实用户可以申诉）并公开，真实用户可以明确得知哪些账号是机器人账号，从而降低机器人账号可能造成的危害。虽然提高算法和数据透明度十分困难，但是基于算法、数据进行社交机器人的公开、透明和解释，是有效解决社交机器人失范风险的重要措施之一，有待国家政府、社交媒体平台和专业技术人员的进一步丰富和完善。

（三）政府治理：加强立法与全球共治

社交机器人引发的相关问题已经引起了各国政府的高度重视，对社交机器人的治理必须发挥政府的主导作用，对社交机器人伦理问题进行监测、预防和评估，并将社交机器人的立法提上日程，借助法律强制约束力对社交机器人行为做出规范。同时，从过去以民族国家为中心的治理方式转向全球各政府、公民、公共机构共同合作的全球治理模式，就社交机器人治理开展国际交流与合作。

1. 制定相关法律道德准则

为了防止技术发展失控，进而威胁到人类社会，需要强化政府的监管。社交机器人是人工智能发展的产物，人工智能发展带来的是一个机遇与挑战并存的世界。近年来，各国在加大力度部署人工智能战略的同时，都意识到了放任人工智能发展造成的风险，构建以法律法规和道德准则互为补充的人工智能规范框架势在必行。

自 2016 年人工智能高速发展以来，各国政府和社会公共组织都开始密切关注人工智能发展带来的法律伦理问题，纷纷发布文件试图从法律和道德层面引导人工智能发展。2016 年 12 月，美国电气与电子工程师协会发布《人工智能设计的伦理准则》，该准则是基于产业界、社会研究领域、政策研究领域以及政府部门的全球数百名思想领袖对人工智能发展产生的共识，旨在建立一个道德伦理框架，指导人们认识人工智能和自治系统可能造成的技术以外的影响，为制定人工智能国家政策和全球政策提供了思路。2018年12月，欧盟发布了人工智能高级专家组制定的《人工智能道德准则》草案，指出"可信赖的AI"是人工智能的发展方向。

在国家层面，各国都在出台一系列政策法规来规范人工智能的发展，使其合乎法律道德要求。2016年，美国总统奥巴马和白宫科技政策办公室、机器学习和人工智能小组委员会发起了一系列研讨会，以监测技术进步并帮助协调AI领域的活动，本次活动诞生了三份具有全球影响力的报告：《为人工智能的未来做准备》《国家人工智能研究与发展战略计划》《人工智能、自动化与经济》。美国国会于2017年底提出了两党法案《人工智能未来法案》，这是美国针对人工智能的第一个联邦法案，法案要求商务部建立一个有关人工智能发展和实施的联邦咨询委员会，对人工智能发展中的问题进行研究并提出建议。2019年2月11日，美国总统特朗普发出行政命令启动美国AI计划，内容除了推进AI发展，保证美国在人工智能技术方面的优势之外，还提到要制定技术标准，以支持建设可靠、稳健和可信赖的AI系统。2018年，英国上议院人工智能专责委员会发布了一份名为《英国AI：做好意愿和能力的准备了吗?》的报告，报告提出将伦理放在英国内部使用和开发人工智能的中心位置，尽管英国应该意识到利用人工智能的潜在利益，但也需要将其潜在的威胁和风险降至最低。报告提出了建立人工智能道德框架的五项原则：人工智能发展需要着眼人类共同利益；发展中重视"可理解性"和"公平性"；保护个人、家庭、社区的隐私和数据安全；人工智能教育是所有公民的权利；人工智能不可伤害人类的自主权。同年，丹麦发布AI国家战略，试图为公司、研究人员和公共机构创建一个框架，使他们能够以高度的责任感开发人工智能的潜力。战略提出的四个目标之一就是人工智能应该以人为本，有共同的道德基础。

总的来说，目前欧盟和美国电气与电子工程师协会在规范人工智能健康发展的道路上走在世界前列，世界各国都未正式出台系统的人工智能法律。正如前文所述，针对社交机器人的专门法还未被提出，只有部分国家提出了对社交机器人的立法倡议，如2017年德国三个州提出倡议，要求将Facebook上的社交机器人使用行为定为犯罪；德国司法部长表示有义务删除虚假信息和非法言论，如未能履行则要被处以高额罚金。为了保障人工智能造福人类，创新激励和风险规制都要纳入考虑，按照人工智能发展的现实状况来看，出台人工智能法是大势所趋。但是错位的监管可能会扼杀掉创新力。对人工智能进行法律监管时必须把握合理的度，正如李彦宏在2019年两会上说的，人工智能立法不应太过超前，应该让新的事物稍微跑一会儿，找到规律再来立法。

2. 探索全球共治之路

社交机器人的不当使用正在危害全球公共性，对其进行规制不能仅仅停留在国家层面，而是要具备全球视野，需要全球统筹联动，促进国际机构、企业、非政府组织之间的合作，建立多主体的全球治理模式。①

开展社交机器人的全球治理，就如何判定治理对象达成全球共识是必要前提。社交机器人的用途多样，既可以发挥良性作用，也可能被用于恶意用途，并且社交机器人在全球范围内引发的问题各不相同，不同的国情也使得不同国家对社交机器人的宽容度不同。所以，同属全球治理网络的各成员需要共同制定一个统一的判定标准，对社交机器人的真假、行为规范、惩治措施等进行明确，以此为尺度开展全球共治。在此前提下，首先，要充分发挥联合国这一维护全球公共利益机构的作用，开展对社交机

---

① 罗昕，张梦. 西方计算宣传的运作机制与全球治理 [J]. 新闻记者，2019（10）：70.

器人的全球性监测，建立国际沟通交流渠道，使各国共同分享社交机器人的治理技术和经验。2018 年的联合国互联网治理论坛，各国政府和民间组织就网络安全问题进行了讨论，在共同打击互联网上具有误导性的危险信息达成共识。其次，可由网络技术专家、民营企业、专业机构等组成跨国专家组，对社交机器人活动的影响进行评估，就如何规制治理，从各角度提出专业性的建议。此外，促进社交机器人相关行业、民间组织间的跨国交流，成立行业协会，集中特定组织、行业智慧。如互联网企业可以运用大数据技术，检测识别机器人账户、监测社交机器人的网络活动、筛查社交机器人发布的信息内容、观察社交机器人对网络舆论造成的影响等；科技公司可制定行业规范，禁止所有同行向个人和组织出售社交机器人及相关产品，防止社交机器人被用于干扰网络社会秩序、威胁网络安全的活动。全球共同治理的模式虽然能集结各方力量，但存在着强制性、权威性不足的问题，其依靠各国政府、组织、公民自愿参与、自愿遵守，没有法律法规对其进行强制规范，全球治理模式下诞生的建议举措也没有强制手段来保障其实施。所以，未来还需更多地呼吁全球责任，加强跨国合作组织的话语权，保障全球治理网络的可持续发展。

（四）人的规制：养成伦理意识，提升科技素养

社交机器人从诞生到投入使用的过程都离不开人类的参与，要对机器人社交行为进行伦理规范，除了从技术和制度层面着手外，对人这一关键主体的规制也不可或缺。社交机器人应用过程主要涉及技术研发工作者、社交机器人使用者、普通网络用户三种人类角色。关于"谁该为社交机器人行为负责"的争论中，他们也被认为是主要的"候选人"。从"人"的角度规制机器人社交失范行为，要分别对这三类角色提出要求。

技术研发人员是社交机器人的创造者，他们通过编写不同的程序模块

赋予社交机器人多样的功能。虽然在很多社交机器人肇事的案例中，技术研发方一直极力撇清责任，但在社交机器人还未成为完全道德责任主体的前提下，技术研发者应对社交机器人的行为负责。技术研发者在设计社交机器人时，要时刻保持预防和风险意识。社交机器人作为一项新兴的人工智能技术，其发展过程必然会有不可预知的风险。加上社交机器人使用了机器学习算法来学习人类行为，后续行为不可控，更增加了引发问题的风险概率。社交机器人后续行为的不可控性不是推卸责任的借口，科研人员不能学习微软在 Tay 事件中置身事外的态度。开发人员在设计机器人的过程中，要尽量摒弃偏见，保持公平，不要让算法继承人类偏见，进而威胁到每个人的正当权利。在了解社交机器人应用的伦理问题现状后，技术研发人员可以预先在程序中嵌入防范装置，避免过去技术失控导致的问题重演。2018 年 Alexa 大奖赛的冠军机器人 Gunrock，其研发团队在 Gunrock 的自然语言理解模块中设置了一个"脏话检测（Profanity Check）"的机制，用户的语言被输入后，首先进行句子分割，再对分割后的名词短语进行主题、情绪、敏感词方面的分析，如果发现用户使用了带有亵渎意义的敏感词，Gunrock 会即时进行提醒纠正，避免了机器人学习使用这类不良表达方式。研发人员在开发之余，应该走出实验室，为社会大众进行一些社交机器人的科普，增进普通人对社交机器人的了解，提高他们的科技素养。

由于社交网络平台开放了 API，社交机器人的获得门槛变低，社交机器人的开发者和使用者在一定程度上有重合。如今社交机器人的大部分伦理问题，直接原因都来自使用者。作为技术的社交机器人本身不具有善恶，其对社会造成影响的好与坏取决于使用者的意图。企业利用社交机器人进行网络营销、推广商品，同时也有人借此进行违禁品交易；政客使用社交机器人传播政治观点，进行政治动员，但也会借此扭曲民主选举、打压政治抗议。要治理机器人社交中的伦理问题，主要是对机器人使用者进行制约。平台可对 API 使用做出一些原则性限制，提高社交机器人的创建门槛；对社交机器人的创建进行监测，观察账号后续的活动并做记录；对用同一个 IP 地址或临时邮箱创建多个账号的行为予以限制。社交机器人使用者应该有伦理意识，创建机器人时应主动披露其身份；使用社交机器人应坚守伦理底线，不利用技术牟利作恶。专家学者在利用社交机器人进行研究时，也要进行道德考量。如果研究者需要在某一社交网络平台布置社交机器人进行研究，需要事先向平台官方报备，获得平台方的许可。研究结束后，研究人员应删除实验用的社交机器人，必要情况下通知与社交机器人建立关系的用户，告知其机器人的真实身份，并提供一些补偿。对社交机器人收集到的研究数据，应采取加密技术进行匿名处理和保密，并在研究之后对数据进行删除，如果未来还需使用该数据，也要进行加密存储。①

　　多数社交网络用户对社交机器人的存在知之甚少，且不能准确识别社交机器人账户。Twitter 社交名人卡瑞娜·桑托斯自称是一名巴西记者，她能对国际时政发表独到见解，这为她在 Twitter 上赢得了人气，她的影响力甚至可匹敌美国著名电视主持人奥普拉·温弗瑞，但后来卡瑞娜·桑托斯被证实只是一名社交机器人。在社交机器人应用过程中，每位社交网络用户都是潜在的受害者。为了抵抗社交机器人引发的伦理风险，社交网络用户首先要主动了解社交机器人的存在形式和作用方式，虽然普通网民不可能了解社交机器人背后的算法原理，但是养成"知情怀疑"的习惯是有必要的。② 社交网络用户在网络社交的过程中还需提高安全意识，不随便公开自己的隐私信息，不随意接受陌生人的好友申请，不轻信网络好友的建

① ELOVICI Y, FIRE M, HERZBERG A, et al. Ethical considerations when employing fake identities in online social networks for research [J]. Science and Engineering Ethics, 2013, 20 (4): 14.
② 汝绪华. 算法政治：风险、发生逻辑与治理 [J]. 厦门大学学报（哲学社会科学版），2018 (6): 35.

议，他们很可能是试图影响你独立思考的机器人。对疑似社交机器人的账户，可对其行为进行监督，一旦发现其有骚扰或煽动行为，即可向平台官方进行举报，协助平台方清理恶意社交机器人。

二、中国社交机器人治理的思考

相比于旨在提高生产效率的工业革命，科技革命更与人直接关联，具有高能化特征。因而，新技术革命带来的社会风险也较高。从技术伦理学角度看，人工智能的无序发展极有可能会影响社会稳定和社会公平。因而，需要关注人工智能技术应用过程中的伦理问题，进而有效规避人工智能的道德风险。[①] 习近平总书记多次强调，在建设网络强国的战略中，既要将高科技的正能量发挥到极致，也要预防和规避其负效应，"要加强人工智能发展的潜在风险研判和防范，维护人民利益和国家安全，确保人工智能安全、可靠、可控。要整合多学科力量，加强人工智能相关法律、伦理、社会问题研究，建立健全保障人工智能健康发展的法律法规、制度体系、伦理道德"[②]。社交机器人的出现以"实然"的形态联结重塑了人与技术的关系，拓展人工智能应用形式，为技术发展注入强大动力的同时，也会带来伦理风险。这种风险若不及时规制，则极易转化为社会矛盾，给国家机器的运行带来负面影响。从另一方面看，过于严格的约束也会阻碍技术创新的活力，趋缓发展脚步。如何平衡创新与监管二者之间关系是一个重要的时代命题，关乎技术发展体系构建和战略选择。社交机器人作为新兴的人工智能产物，如何治理好、利用好它，打造治理与创新并存的良性社交机器人发展体系，从而为人工智能技术的长足发展创造条件，可以

---

① 赵汀阳. 人工智能"革命"的"近忧"和"远虑"—— 一种伦理学和存在论的分析 [J]. 哲学动态，2018（4）：5-12.

② 新华社. 习近平主持中共中央政治局第九次集体学习并讲话 [EB/OL]. 新华社，2018-10-31.

从其他国家和地区的治理经验上获得一定的启示。

（一）全方位构建协同治理框架

社交机器人作为新事物新问题，在治理探索实践过程中，需要从顶层加以规划和设计。围绕内外视域开展协同治理体系建构，对外竞争更多着眼于中长期治理需要，积极面对技术变革，构建社交机器人网络舆情预警机制，设置社交机器人舆论操控分级预警体系，占据网络舆论斗争先机；对内维稳则更多着眼于短期考量，围绕公民权利的保护，避免负面效应的扩散而进行。在实践层面，具体对应三种治理模式，政府部门从政策层面制定法律法规，进一步明确实施细则；社会组织扮演民间领导者角色，积极参与到社交机器人治理中；社交平台发挥主体职能，通过技术创新，自觉融入社交机器人治理体系中。当然，各阶段的治理路径并非意味着完全平行而相互区隔的条线链条，彼此之间是综合作用的复杂链接，共同促成协同治理框架。

近年来，机器人水军开始搅动舆论场，甚至借此进行一定程度的舆论操纵。贩卖机器人水军的产业链条刺激了盗窃个人信息的网络黑产，助长网络空间暴力的生成。研究发现，微博平台上社交机器人参与热点事件讨论的行为也频繁发生，机器人账号使用者另辟角度切入热点话题，通过提高话题外围微博的曝光量，从而吸引公众注意力①，相关话题页下常混迹着机器人账号，产生了大量的无效反馈。社交机器人治理应考虑细分不同领域而进行针对性治理，如政治、商业、金融、娱乐与个人权利等方面。针对其拟真的拟态环境对现实的扭曲问题，警示平衡工具理性与价值理性，防范商业诱导和去伪存真，回归社会实践。在中国较为凸显的机器人

---

① 卢林艳，李媛媛，卢功靖，等. 社交机器人驱动的计算宣传：社交机器人识别及其行为特征分析［J］. 中国传媒大学学报（自然科学版），2021（2）：35-43，53.

娱乐打榜以及机器人虚假营销等问题，需要分层辨析加以针对性治理，并最终统合到中国社交机器人治理的大框架之中。

（二）以总体国家安全观的视角切入治理

当前，中国社会尤其是网络空间中的性别对立现象明显是在短时间内被塑造和激化的，在此过程中明显出现了社交机器人参与挑动性别对立的迹象。① 社交机器人已成为境外势力对中国进行社会分裂的工具，必须警惕境外社交机器人政治渗透。2022 年 4 月，国内主要社交平台相继上线用户 IP 归属地显示功能，在一定程度打击了境外社交机器人的非法渗透行为。以维护国家信息安全的角度切入，我们还可以在多个方面努力，以应对恶意的境外社交机器人渗透。首先，提高检测筛查和追踪的技术能力，建立平台监测预防机制。其次，着力公众智能媒介素养。研究表明，中国网民对社交机器人的认识还处于初级阶段，对其持正面态度的比例远远高于美国网民②。最后，数据治理、算法治理等与社交机器人应用相关的领域需要进一步加强规制。

我国一直把发展人工智能作为重要战略，自 2015 年制订"互联网+"计划起，制订了一系列计划支持人工智能的发展，计划到 2030 时将我国建设成"世界首屈一指的人工智能创新中心"。在取得显著成绩的同时，我国认识到了为人工智能建立法律道德框架的重要性。2017 年国务院印发《新一代人工智能发展规划》，在保障措施中首先提到了建立保障人工智能健康发展的法律法规框架。2019 年全国两会上，全国人大常委会表示已经将和人工智能相关的立法项目纳入未来五年立法计划，人工智能专门法也

① 李晟. 国家安全视角下社交机器人的法律规制 [J]. 中外法学，2022（2）：433-434.

② 张洪忠，何康，段泽宁，等. 中美特定网民群体看待社交机器人的差异：基于技术接受视角的比较分析 [J]. 西南民族大学学报（人文社会科学版），2021（5）：165.

在抓紧研究中，人大代表纷纷就人工智能立法的必要性、可行性建言献策。近年来，关注前沿立法的法律法规有所推进。2021 年 8 月，我国正式出台了《个人信息保护法》，标志着我国以《中华人民共和国网络安全法》《中华人民共和国数据安全法》《中华人民共和国个人信息保护法》三法为核心的网络法律体系的建立，具有划时代的重要意义，为数字时代的网络安全、数据安全、个人信息权益保护提供了基础制度保障。2021 年 11 月 16 日，国家互联网信息办公室审议通过《互联网信息服务算法推荐管理规定》，其中规定"算法推荐服务提供者不得利用算法虚假注册账号、非法交易账号、操纵用户账号或者虚假点赞、评论、转发"，这标志着我国在社交机器人治理和算法数据治理的立法进程上迈出了重要一步。

在此基础上，我们需要积极面对社交机器人这一新事物带来的新风险。这对社交机器人的监管方式和监管能力提出了更高的要求，不仅需要针对在背后操纵恶意社交机器人的真实用户，也要对社交媒体平台管理者进行法律规范，并制定明确的惩罚措施。应该贯彻"积极发展、加强管理、趋利避害、为我所用"的十六字方针，在国家信息安全的基础上制定规则和法律，从而有效促进我国互联网持续、健康、稳定发展。

（三）重视社交机器人涉华舆论

计算宣传已经成为国际舆论斗争的工具，影响着国家安全、国际形象和国际话语权。社交媒体时代，作为计算宣传的假新闻，其表现形式更加隐蔽，背后隐藏着国际关系中的霸权结构与国家间的权力关系。① 随着中国的崛起，社交机器人参与、影响、操纵社交媒体涉华舆论日渐成为常态。研究发现，社交机器人通过放大争议、制造政治冲突等方式将北京冬

---

① 赵永华，窦书棋.信息战视角下国际假新闻的历史嬗变：技术与宣传的合奏［J］.现代传播（中国传媒大学学报），2022（3）：58-67.

奥会引向负面讨论，在一定程度上推动或加剧了奥运传播的泛政治化。①近年来，以美国为首的西方阵营对中国采取敌对策略，中国在境外社交平台上面临着严重的社交机器人助推污名化问题，这直接造成我国国际形象的受损和话语权的旁落。

加强社交机器人涉华舆论管理成为未来中国国际涉华舆论管理的重要工作之一。若对于境外反华势力运用社交机器人进行污蔑、诽谤、污名化中国的行为熟视无睹，将造成中国国际话语权的进一步旁落。因此，我们需要研究社交平台的管理规定及其所在国的相关法律法规，要研究社交机器人的运行逻辑及行为特征，把握国际社交媒体社交机器人涉华舆论的议题、框架、道德基础，加强社交机器人参与涉华舆论宣传的动机、传播网络、行为模式、人机互动方式研究，把握社交媒体涉华计算宣传的规律。一方面，通过行之有效的方式向境外社交媒体施压以达到对涉中国议题虚假信息的规制；另一方面，适时、准确地公开虚假信息传播中的社交机器人行为及其背后的阴谋，进行有针对性的回应。对涉华计算宣传中涉华虚假舆论、负面舆论予以针锋相对、有理有据的舆论斗争，在国际舆论传播中赢得主动权与话语权，构建负责任的大国形象。

（四）积极融入全球共治体系

近年来，世界各国社交媒体平台中都存在大量社交机器人账号，严重影响了真实用户的信息安全、使用体验。虽然微博、Facebook、Twitter 和 Instagram 等各国社交媒体平台都十分重视社交机器人账号治理问题，但随着人工智能、深度学习等技术的发展，社交机器人技术也获得了极大的进步，恶意社交机器人检测与治理越发困难。目前，商业化背景的社交机器

---

① 赵蓓，张洪忠. 有关北京冬奥会的社交机器人叙事与立场偏向：基于 Twitter 数据的结构主题模型分析［J］. 新闻界，2022（5）：62-70.

人集团越来越多，在特定事件中同时大量出现在某一国家的主流社交媒体平台中，操纵舆论、传播虚假信息、危害真实用户利益。之后，这些社交机器人可能换一批账号又出现在另一社交媒体平台中，发布相同内容。所以，目前单一国家、单一平台进行社交机器人检测与治理存在极大的限制，应该强化合作共赢。

社交机器人在全球范围内引发的问题各不相同，已远远超出了单一国家或者单一治理主体的能力范围。对其进行规制不能仅仅停留在国家层面，而要具备全球视野，需要全球统筹联动，促进国际机构、企业、非政府组织之间的合作，建立多主体的全球治理模式。① 因此，对这一新问题的治理需要各国承担相应的责任，共同构建共治合作关系，共同承担责任。然而，当前的社交机器人治理却根据地区不同依然呈现较为明显的条块化分布，根据本国国情的不同，各国对于社交机器人治理的侧重点也有所不同，在此基础上形成了多种手段杂糅的治理模式。各自为治、失衡发展的局面不利于未来社交机器人全球共治体系的构建。社交机器人的全球治理与区域治理是互动共进的关系，融入全球治理潮流更有利于国家在社交机器人治理问题上不落伍不掉队。因此，在发展中，中国需要构建面向未来的协同治理体系，积极融入全球，实现共治是社交机器人得以良性发展的必由之路。

---

① 罗昕，张梦. 西方计算宣传的运作机制与全球治理［J］. 新闻记者，2019（10）：70.

结　语

　　智能传播时代，社交机器人满足了人们多样化的社交与情感需求。历史的车辙已经向人们展示，技术的革新必然带来人类社会生活的巨大进步。社交机器人作为游离于网络空间中的具有人格属性的算法程序，给社交媒体环境的更新带来了翻天覆地的变化。然而，在为人类提供信息便利和情感慰藉的同时，一部分社交机器人成了"恶意社交机器人"，给个人权益、社会秩序乃至人类伦理都带来了一定程度的威胁。

　　社交机器人伴随着社交平台的成长而产生，是一种具有人格属性和社交属性的算法智能体，能在社交平台上自主生产发布信息，扮演人类和真人用户交流互动。机器人参与社交彰显着人机交互又进入了一个更高阶段——人机传播，并对当前的传播生态带来了颠覆性的变化。社交机器人的角色从过去的传播中介跃升为传播主体，人不再是在线社交网络的唯一主导者。在情感计算研究的加持下，社交机器人在理解、认知、表达人类情感方面取得了显著成果。通过在与真人交互时进行"情感劳动"，社交机器人获得了人类的信任，从而赢得网络影响力，能架构人们之间的社交关系，影响人的社交选择。社交机器人的强大力量重塑着传播生态，也隐含着潜在的风险，如果被用于恶意活动，后果不堪设想。

　　社交机器人虽然展现了强大的智能性和自主性，但本质上还是属于弱人工智能，技术上难免存在不成熟的地方。社交机器人采用的机器学习算法，让其在与人类的互动中不断学习，不受限于程序员植入的算法模型，这使得它在鱼龙混杂的网络信息汪洋中极易被人"教坏"；社交机器人对人类的高度模仿常常使人分不清它的真实身份，在情感上受到"欺骗"。被用于网络犯罪的机器人影响要恶劣得多，它们被背后的操控者训练成了"犯罪机器"，盗取用户隐私、传播虚假信息，影响网络安全和舆论风向。社交机器人的应用场景和研发前景日益广阔，在给予人们情感陪伴与慰藉的同时，也引发了各种情感伦理问题。社交机器人的拟主体性、欺骗性以及人机交互中产生的移情效果，对人类的社交空间以及人类的主体性、情感价值等都产生了威胁，也引发了一系列关于人机关系的思考。社交机器人造成的最显著的危害当属对政治的操纵，2014 年日本首相选举，2016 年美国大选、英国脱欧、俄罗斯抗议活动，网络上都有政治机器人活动的身影。2019 年闹得沸沸扬扬的"港独"事件，也有不明来历的政治机器人在社交平台上推波助澜，大量机器人账号用简体中文在 Twitter 上发布"反中""港独"言论，而有些账户在"港独"暴乱之前，一直处于休眠状态，出售政治机器人已经成为一项地下产业。

威胁制造动力，多重动力的共同作用使得社交机器人的治理议题被推上全球舞台，各国各主体也相继出台了一系列的政策规范来对包括社交机器人在内的人工智能伦理失范行为进行约束，如欧盟的《可信 AI 伦理指南》《数字服务法》等，又如美国加州第 1001 号法案以及联邦贸易委员会的报告与案例，都是对社交机器人伦理规范的有益尝试。此外，企业层面的互联网公司 Google、索尼、微软等内部也有伦理声明，人工智能协会和各类组织也进行了打造可信 AI 的尝试，主体多元从而渐次形成了多种不同手段为主导的社交机器人治理实践。

但必须看到的是，目前全球对社交机器人的治理并未形成体系，甚至极少有专门法条直接对社交机器人进行规范，而是依赖于人工智能、数据隐私、智能机器人等领域进行了指导性、模糊性的规范，且这些规范还有缺乏强制性、区域特征明显等局限，当前社交机器人的治理仍处于初级阶段，未能触及源头治理和核心治理。

究其原因，社交机器人本身的问题严峻性还未凸显。因此，现阶段的法律问题更多体现在传统法律适用上，而不是去创设新的人工智能法律制度。当社交机器人较为低能之时，人们更关注其对人类的隐私窃取。但随着社交机器人智能程度的不断提升，其伦理问题会不断凸显，人们会更加在意社交机器人是否会带来"情感欺骗"等深层次思考，未来的社交机器人治理将被纳入如何处理好"人机关系"的命题中去。

当然，社交机器人的治理本身还存在一些有待解决的谜题，如机器人权利分配、平台履责、政治黑箱及自由权冲突等，也正是这些问题的错综复杂使得社交机器人的治理未得到足够多的关注。同时，人工智能引发的伦理问题和事故，责任该由设计它的人类承担还是智能机器人承担？人工智能是否具有道德主体地位？这些问题一直悬而未决，也是导致监管缺位的深层原因。

科学技术是一把双刃剑，技术末世论过于极端，纯粹的技术乐观论也值得人们警惕。随着"人机共生""万物皆媒"时代的到来，社交机器人成为信息传播过程中的重要节点，它在网络空间中也将扮演起更为重要的角色。可以预见的是，随着技术演进带来伦理矛盾的进一步凸显，社交机器人的治理也呼唤着更为成熟和完善的全球治理架构。

作为社交机器人的研发者，应该对社交机器人可能造成的风险进行前置预防，将人类道德伦理进行编码，事先置入社交机器人"头脑"中，让机器人参与社交时能有基本的道德决策能力。作为社交平台，应该加强机器人检测技术的研发，提高对社交机器人账户的甄别，对有可疑行为的机器人账户及时清理，并更加透明地定义和执行关于社交机器人活动的平台政策。法律法规和道德准则这些外部力量的约束必不可少，目前，人工智能立法已经被各国提上了日程，相关的道德规范也被不断提出，虽然尚未有专门针对社交机器人的法律道德条例，但可以预见在未来会日益重视。社交网络平台的用户也应该意识到社交机器人的存在，提高安全意识，警惕恶意社交机器人的煽动欺骗。在当前全球社交机器人治理现状下，中国有必要关注境外媒体平台上社交机器人营造的与中国议题相关的问题，更有必要吸取先进经验，完善本国人工智能的发展和监管相平衡的治理路径。此外，社交机器人的研究涉及计算机学、传播学、伦理学、哲学、心理学等多个学科领域，倾听借鉴来自不同方向的声音，有助于保障其健康发展，发挥其促进社交和网络民主方面的作用。

　　未来的社交场域已经不可避免地走向"人+社交机器人"的共生状态，社交机器人研究的交叉学科性特征也日益凸显。智能传播时代已经到来，对于人机关系的探讨亟须被提上日程。社交机器人逐渐开始成为一个个独立的情感与信息载体，消解了人类的唯一主体性，其传播效果和情感价值也与日俱增。在未来，人机之间的虚拟情感与类人机关系会日益成为人们社交关系的重要环节，人们社交场景的边界也会不断拓展，从现实世界走向虚拟与现实的融合。

　　"人机共生"在提供了文明与交流多样性发展场域的同时，也会引发虚拟空间治理与个体沉迷等多种问题。社交机器人的研发致力于摒弃纯粹的技术功利论，将社交机器人作为人类的伙伴而非冰冷的工具，这将对人机关系的审思推向了大众视野。在反对技术作为纯粹工具的同时，也应当警惕人类沦为技术的工具。作为多元文化与个体共融共通的栖息之所，有赖于全球的共同构建与治理。需要全球范围内多主体、多领域、多层次的共同合作，以前瞻性的眼光对人类与社交机器人分别进行积极引导和监督，避免媒介赋权带来的个体异化。构建具有普适性的伦理价值体系，促进虚拟世界的良性发展。

　　哲学家大卫·查尔默斯认为，"我们与之交互的虚拟世界可以和我们普通的物理世界一样真实，虚拟现实是真正的现实。"① 虽然许多人对虚拟世界抱有极大的期待，"人机共生"也有望成为人类情感的"乌托邦"，但在当下而言只是一种美好的想象。数字世界绝不可能脱离现实而存在，人类仍需要用更加积极且审慎的态度去拥抱虚拟世界和虚拟情感。这是一次技术与心灵的双重冒险，一扇看不见的大门正在向我们打开……

　　限于个人能力的浅薄，本书仅仅是尝试走进学界日益关注的社交机器人议题的一个小视角，对于社交机器人伦理问题及其治理路径的探讨还有许多不足之处，也并未具备跨学科的宏大视野，理论性和专业性仍有所欠缺。社交机器人技术与伦理规制瓶颈的突破，还需各方学者的共同努力。当经历过一段时间知识的积淀和岁月的变迁，再次审视该问题之时相信在吸收各方家研究成果的基础上，能够从更新颖的视角切入，进行更深入的探究。

---

　　① CHALMERS D J. Reality +: virtual worlds and the problems of philosophy [M]. New York: WW Norton & Company, 2022.

参考文献

一、中文文献

［1］阿明·格伦瓦尔德. 技术伦理学手册［M］. 吴宁, 译. 北京: 社会科学文献出版社, 2017.

［2］保罗·莱文森. 数字麦克卢汉: 信息化新纪元指南［M］. 何道宽, 译. 北京: 社会科学文献出版社, 2001.

［3］保罗·莱文森. 软利器: 信息革命的自然历史与未来［M］. 何道宽, 译. 上海: 复旦大学出版社, 2011.

［4］陈彬. 科技伦理问题研究: 一种论域划界的多维审视［M］. 北京: 中国社会科学出版社, 2014.

［5］弗洛里迪. 信息伦理学［M］. 薛平, 译. 上海: 上海译文出版社, 2018.

［6］顾骏, 郭毅可. 人与机器: 思想人工智能［M］. 上海: 上海大学出版社, 2018.

［7］郭锐. 人工智能的伦理和治理［M］. 北京: 法律出版社, 2020.

［8］何渊. 数据法学［M］. 北京: 北京大学出版社, 2020.

［9］李本乾. 智媒时代的交流与协商［M］. 上海: 上海交通大学出版社, 2018.

［10］罗昕. 网络社会治理研究: 前沿与挑战［M］. 广州: 暨南大学

出版社，2020.

　　[11] 玛格丽特·博登. AI：人工智能的本质与未来［M］. 孙诗惠，译. 北京：中国人民大学出版社，2017.

　　[12] 牛静. 全球媒体伦理规范译评［M］. 北京：社会科学文献出版社，2018.

　　[13] 帕维卡·谢尔顿. 社交媒体：原理与应用［M］. 张振维，译. 上海：复旦大学出版社，2018.

　　[14] 佩德罗·多明戈斯. 终极算法：机器学习和人工智能如何重塑世界［M］. 黄芳萍，译. 北京：中信出版社，2017.

　　[15] 彭兰. 社会化媒体：理论与实践解析［M］. 北京：中国人民大学出版社，2015.

　　[16] 史蒂芬·卢奇，丹尼·科佩克. 人工智能：第2版［M］. 林赐，译. 北京：人民邮电出版社，2018.

　　[17] 希拉·贾萨诺夫. 发明的伦理：技术与人类未来［M］. 尚智丛，田喜腾，田甲乐，译. 北京：中国人民大学出版社，2018.

　　[18] 亦君. 喧哗与搏杀：战场和媒介社会的"舆论信息战"［M］. 北京：中国发展出版社，2017.

　　[19] 张燕. 风险社会与网络传播：技术·利益·伦理［M］. 北京：社会科学文献出版社，2014.

　　[20] 周辉，徐玖玖，朱悦，等. 人工智能治理：场景、原则与规则［M］. 北京：中国社会科学出版社，2021.

　　[21] 蔡润芳. 人机社交传播与自动传播技术的社会建构——基于欧美学界对Socialbots的研究讨论［J］. 当代传播，2017（6）.

　　[22] 陈昌凤，袁雨晴. 社交机器人的"计算宣传"特征和模式研究：以中国新冠疫苗的议题参与为例［J］. 新闻与写作，2021（11）.

[23] 陈福平，许丹红. 观点与链接：在线社交网络中的群体政治极化：一个微观行为的解释框架 [J]. 社会，2017（4）.

[24] 陈力丹，孙曌闻. 2020 年中国新闻传播学研究的十个新鲜话题 [J]. 当代传播，2021（1）.

[25] 陈亦新，林爱珺. 西方污名化新冠肺炎疫情的政治逻辑与中国话语策略 [J]. 当代传播，2021（4）.

[26] 邓卫斌，于国龙. 社交机器人发展现状及关键技术研究 [J]. 科学技术与工程，2016（12）.

[27] 杜严勇. 机器人伦理研究论纲 [J]. 科学技术哲学研究，2018，35（4）.

[28] 段伟文. 机器人伦理的进路及其内涵 [J]. 科学与社会，2015，5（2）.

[29] 段伟文. 人工智能时代的价值审度与伦理调适 [J]. 中国人民大学学报，2017，31（6）.

[30] 冯怡博，刘宝杰. 社交机器人欺骗性的科技哲学分析 [J]. 齐齐哈尔大学学报（哲学社会科学版），2021（11）.

[31] 高淑敏. 从功用工具走向生态互动：论技术、媒介与人的关系认知变迁 [J]. 河南工业大学学报（社会科学版），2018（5）.

[32] 葛岩，秦裕林，赵汗青. 社交媒体必然带来舆论极化吗：莫尔国的故事 [J]. 国际新闻界，2020（2）.

[33] 顾理平. 整合型隐私：大数据时代隐私的新类型 [J]. 南京社会科学，2020（4）.

[34] 郭倩. 社交媒体智能化的现状、影响与对策研究 [J]. 出版发行研究，2019（6）.

[35] 郭小安，赵海明. 作为"政治腹语"的社交机器人：角色的两

面性及其超越 [J]. 现代传播（中国传媒大学学报），2022（2）.

[36] 郭小安. 新时代中国舆论学知识体系的反思与重构 [J]. 东岳论丛，2022（1）.

[37] 韩秀，张洪忠，何康，等. 媒介依赖的遮掩效应：用户与社交机器人的准社会交往程度越高越感到孤独吗？[J]. 国际新闻界，2021（9）.

[38] 韩秀. 情感劳动理论视角下社交机器人的发展 [J]. 青年记者，2020（27）.

[39] 何苑，赵蓓. 社交机器人对娱乐传播生态的操纵机制研究 [J]. 西南民族大学学报（人文社会科学版），2021（5）.

[40] 胡裕岭. 欧盟率先提出人工智能立法动议 [J]. 检察风云，2016（18）.

[41] 蒋磊. 重新想象人类：人工智能时代的人机互动研究 [J]. 海南大学学报（人文社会科学版），2018（2）.

[42] 柯泽，谭诗好. 人工智能媒介拟态环境的变化及其受众影响 [J]. 学术界，2020（7）.

[43] 蓝江. 人工智能与伦理挑战 [J]. 社会科学战线，2018（1）.

[44] 李红梅. 如何理解中国的民族主义？：帝吧出征事件分析 [J]. 国际新闻界，2016（11）.

[45] 李伦. "楚门效应"：数据巨机器的"意识形态"：数据主义与基于权利的数据伦理 [J]. 探索与争鸣，2018（5）.

[46] 李志，唐润华. 多利益攸关方模式：构建全球互联网治理体系的路径研究 [J]. 传媒观察，2020（12）.

[47] 梁玉成，贾小双. 数据驱动下的自主行动者建模 [J]. 贵州师范大学学报（社会科学版），2016（6）.

[48] 林爱珺，刘运红．"算计情感"：社交机器人的伦理风险审视 [J]．新媒体与社会，2021（1）．

[49] 刘海龙．像爱护爱豆一样爱国：新媒体与"粉丝民族主义"的诞生 [J]．现代传播（中国传媒大学学报），2017（4）．

[50] 刘娇，李艳玲，林民．人机对话系统中意图识别方法综述 [J]．计算机工程与应用，2019（12）．

[51] 刘欣然，徐雅斌．"类人"社交机器人检测数据集扩充方法研究 [J]．电子科技大学学报，2022（1）．

[52] 刘洋．"沉默螺旋"的发展困境：理论完善与实证操作的三个问题 [J]．国际新闻界，2011（11）．

[53] 卢林艳，李媛媛，卢功靖，等．社交机器人驱动的计算宣传：社交机器人识别及其行为特征分析 [J]．中国传媒大学学报（自然科学版），2021（2）．

[54] 栾轶玫．人机融合情境下媒介智能机器生产研究 [J]．上海师范大学学报（哲学社会科学版），2021（1）．

[55] 罗斌．新闻传播注意义务标准研究：《民法典（草案）》第八百零六条的意义与问题 [J]．当代传播，2019（5）．

[56] 罗韵娟，王锐，炎琳．基于推特社会网络分析的议题设置与扩散研究：以党的十九大报道为例 [J]．当代传播，2019（2）．

[57] 孟伟，杨之林．人工智能技术的伦理问题：一种基于现象学伦理学视角的审视 [J]．大连理工大学学报（社会科学版），2018（5）．

[58] 孟筱筱．人工智能时代的风险危机与信任建构：基于风险理论的分析 [J]．郑州大学学报（哲学社会科学版），2020（5）．

[59] 牟怡，许坤．什么是人机传播？：一个新兴传播学领域之国际视域考察 [J]．江淮论坛，2018（2）．

［60］欧阳灿灿 . "无我的身体"：赛博格身体思想［J］. 广西师范大学学报（哲学社会科学版），2015（2）.

［61］彭波，张权 . 中国互联网治理模式的形成及嬗变（1994—2019）［J］. 新闻与传播研究，2020（8）.

［62］彭兰 . 更好的新闻业，还是更坏的新闻业？：人工智能时代传媒业的新挑战［J］. 中国出版，2017（24）.

［63］任晓明，王东浩 . 机器人的当代发展及其伦理问题初探［J］. 自然辩证法研究，2013（6）.

［64］阮凯 . 机器伦理何以可能：现有方案及其改良［J］. 自然辩证法研究，2018（11）.

［65］申琦，王璐瑜 . 当"机器人"成为社会行动者：人机交互关系中的刻板印象［J］. 新闻与传播研究，2021（2）.

［66］师文，陈昌凤 . 分布与互动模式：社交机器人操纵 Twitter 上的中国议题研究［J］. 国际新闻界，2020（5）.

［67］师文，陈昌凤 . 社交机器人在新闻扩散中的角色和行为模式研究：基于《纽约时报》"修例"风波报道在 Twitter 上扩散的分析［J］. 新闻与传播研究，2020（5）.

［68］师文，陈昌凤 . 信息个人化与作为传播者的智能实体：2020 年智能传播研究综述［J］. 新闻记者，2021（1）.

［69］师文，陈昌凤 . 议题凸显与关联构建：Twitter 社交机器人对新冠疫情讨论的建构［J］. 现代传播（中国传媒大学学报），2020（10）.

［70］石婧，常禹雨，祝梦迪 . 人工智能"深度伪造"的治理模式比较研究［J］. 电子政务，2020（5）.

［71］史安斌，杨晨晞 . 信息疫情中的计算宣传：现状、机制与成因［J］. 青年记者，2021（5）.

[72] 司晓，曹建峰．论人工智能的民事责任：以自动驾驶汽车和智能机器人为切入点 [J]．法律科学（西北政法大学学报），2017（5）．

[73] 苏令银．伦理框架的建构：当前机器伦理研究面临的主要任务 [J]．上海师范大学学报（哲学社会科学版），2019，48（1）．

[74] 孙利军，高金萍．国际传播中的污名化现象研究：兼论讲好中国共产党故事的话语策略 [J]．当代传播，2021（6）．

[75] 汤天甜，李琪．智能机器人如何辅助编辑生产社交媒体爆款：以纽约时报 Blossom 为例 [J]．传媒评论，2017（9）．

[76] 田智辉，张晓莉，梁丽君．社交媒体与特朗普的崛起 [J]．汕头大学学报（人文社会科学版），2017（1）．

[77] 王成军，党明辉，杜骏飞．找回失落的参考群体：对沉默的螺旋理论的边界条件的考察 [J]．新闻大学，2019（4）．

[78] 王丹锐，胡海波．基于知识图谱的国内外智慧养老研究进展述评 [J]．情报工程，2019（1）．

[79] 王亮．基于情境体验的社交机器人伦理：从"欺骗"到"向善" [J]．自然辩证法研究，2021（10）．

[80] 王亮．社交机器人"单向度情感"伦理风险问题刍议 [J]．自然辩证法研究，2020（1）．

[81] 王明国．全球互联网治理的模式变迁、制度逻辑与重构路径 [J]．世界经济与政治，2015（3）．

[82] 王绍源．机器（人）伦理学的勃兴及其伦理地位的探讨 [J]．科学技术哲学研究，2015（3）．

[83] 王绍源．应用伦理学的新兴领域：国外机器人伦理学研究述评 [J]．自然辩证法通讯，2016（4）．

[84] 王志爽．新闻聊天机器人的应用优势与影响：以 Quartz 聊天机

器人为例［J］. 新媒体研究，2017（9）.

［85］文晓阳，高能，夏鲁宁，等. 高效的验证码识别技术与验证码分类思想［J］. 计算机工程，2009（8）.

［86］翁杨. 永不沉默的螺旋：论沉默的螺旋理论与不平衡的传播生态［J］. 当代传播，2003（2）.

［87］吴冬明. "风险的泉源"与"科技发展的副作用"：乌·贝克风险社会理论的马克思主义批判［J］. 汕头大学学报（人文社会科学版），2008（2）.

［88］吴文芳，刘洁. 新技术变革时代"人"的变迁与社会法回应［J］. 学术月刊，2021（8）.

［89］奚雪峰，周国栋. 面向自然语言处理的深度学习研究［J］. 自动化学报，2016（10）.

［90］谢新洲，何雨蔚. 重启感官与再造真实：社会机器人智媒体的主体、具身及其关系［J］. 新闻爱好者，2020（11）.

［91］谢新洲. "沉默的螺旋"假说在互联网环境下的实证研究［J］. 现代传播（中国传媒大学学报），2003（6）.

［92］熊壮. "沉默的螺旋"理论的四个前沿［J］. 国际新闻界，2011（11）.

［93］徐英瑾. 具身性、认知语言学与人工智能伦理学［J］. 上海师范大学学报（哲学社会科学版），2017（6）.

［94］薛宝琴. 人是媒介的尺度：智能时代的新闻伦理主体性研究［J］. 现代传播（中国传媒大学学报），2020（3）.

［95］杨思源，郭丽敏，贾媛，等. 社交机器人干预对老年人心理健康影响的 Meta 分析［J］. 中国老年学杂志，2020（18）.

［96］阴雅婷. 西方传播学对人机互动的研究及其启示［J］. 新闻界，

2017（2）.

[97] 于家琦. 计算式宣传：全球社交媒体研究的新议题 [J]. 经济社会体制比较，2020（3）.

[98] 余胜泉. 人工智能教师的未来角色 [J]. 开放教育研究，2018（1）.

[99] 喻国明，徐子涵，李梓宾. "人体的延伸"：技术革命下身体的媒介化范式：基于补偿性媒介理论的思考 [J]. 新闻爱好者，2021（8）.

[100] 翟振明，彭晓芸. "强人工智能"将如何改变世界：人工智能的技术飞跃与应用伦理前瞻 [J]. 人民论坛·学术前沿，2016（7）.

[101] 张洪忠，段泽宁，韩秀. 异类还是共生：社交媒体中的社交机器人研究路径探讨 [J]. 新闻界，2019（2）.

[102] 张洪忠，段泽宁，杨慧芸. 政治机器人在社交媒体空间的舆论干预分析 [J]. 新闻界，2019（9）.

[103] 张洪忠，赵蓓，石韦颖. 社交机器人在 Twitter 参与中美贸易谈判议题的行为分析 [J]. 新闻界，2020（2）.

[104] 张华胜. 美国人工智能立法情况 [J]. 全球科技经济瞭望，2018（9）.

[105] 张乐，童星. 人工智能的发展动力与风险生成：一个整合性逻辑框架 [J]. 江西财经大学学报，2021（5）.

[106] 张润，王永滨. 机器学习及其算法和发展研究 [J]. 中国传媒大学学报（自然科学版），2016（2）.

[107] 张玉洁. 论人工智能时代的机器人权利及其风险规制 [J]. 东方法学，2017（6）.

[108] 张志勇，荆军昌，李斐，等. 人工智能视角下的在线社交网络虚假信息检测、传播与控制研究综述 [J]. 计算机学报，2021（11）.

[109] 赵蓓, 张洪忠. 议题转移和属性凸显: 社交机器人、公众和媒体议程设置研究 [J]. 传播与社会学刊, 2022 (1).

[110] 赵睿, 喻国明. "赛博格时代" 的新闻模式: 理论逻辑与行动路线图: 基于对话机器人在传媒业应用的现状考察与未来分析 [J]. 当代传播, 2017 (2).

[111] 赵爽, 冯浩宸. "机器人水军" 发展与影响评析 [J]. 中国信息安全, 2017 (11).

[112] 郑晨予, 范红. 从社会传染到社会扩散: 社交机器人的社会扩散传播机制研究 [J]. 新闻界, 2020 (3).

[113] 周葆华, 苗榕. 智能传播研究的知识地图: 主要领域、核心概念与知识基础 [J]. 现代传播 (中国传媒大学学报), 2021 (12).

[114] 周利敏, 谷玉萍. 人工智能时代的社会风险治理创新 [J]. 河海大学学报 (哲学社会科学版), 2021 (3).

[115] 周佑勇. 论智能时代的技术逻辑与法律变革 [J]. 东南大学学报 (哲学社会科学版), 2019 (5).

二、英文文献

[1] ALHAJJ R, ROKNE J. Encyclopedia of social network analysis and mining [M]. Berlin: Springer, 2014.

[2] FESTINGER L. A theory of cognitive dissonance [M]. Stanford: Stanford university press, 1962.

[3] KURBALIJA J. An Introduction to Internet Governance [M]. New York: Diplo Foundation, 2016.

[4] MARCO N. Social Robots: Boundaries, Potential, Challenges [M]. Beijing: Peking university Press, 2021.

[5] MATHIASON J. Internet governance: The new frontier of global institutions [M]. London: Routledge, 2008.

[6] PAGALLO U, CORRALES M, FENWICK M, et al. The rise of robotics & AI: technological advances & normative dilemmas [M] //Robotics, AI and the Future of Law. Berlin: Springer, 2018.

[7] AIHAJJ R, ROKNE J. Social Network Analysis and Mining Encyclopedia [M]. Berlin: Springer, 2018.

[8] ABIGAILP, ASAF S, RAMI P. Detecting organization-targeted socialbots by monitoring social network profiles [J]. Networks and spatial economics, 2019, 19 (3) .

[9] ADEWOLE K S, ANUAR N B, KAMSIN A, et al. Malicious accounts: Dark of the social networks [J]. Journal of network & computer applications, 2017, 79 (2) .

[10] AHMED F, ABULAISH M. A generic statistical approach for spam detection in online social networks [J]. Computer communications, 2013, 36 (10-11) .

[11] ALARIFI A, ALSALEH M, AL-SALMAN A M. Twitter turing test: Identifying social machines [J]. Information sciences, 2016, 372.

[12] AMBLARD F, DEFFUANT G. The role of network topology on extremism propagation with the relative agreement opinion dynamics [J]. Physica A: Statistical Mechanics and its Applications, 2004, 343.

[13] ASSENMACHER D, CLEVER L, FRISCHLICH L, et al. Demystifying Social Bots: On the intelligence of Automated Social Media Actors [J]. Social Media+ Society, 2020, 6 (3) .

[14] BADAWY A, ADDAWOOD A, LERMAN K, et al. Characterizing

the 2016 Russian IRA influence campaign [J]. Social network analysis and mining, 2019, 9 (1).

[15] BAKARDJIEVA M. Rationalizing Sociality: an Unfinished Script for Socialbots [J]. The Information Society, 2015, 31 (3).

[16] ALBERT – LÁSZLÓ BARABÁSZ, RÉKA ALBERT. Emergence of scaling in random networks [J]. Science, 1999, 286 (5439).

[17] BASTOS M T, MERCEA D. The Brexit Botnet and User-Generated Hyperpartisan News [J]. Social Science Computer Review, 2019, 37 (1).

[18] BOLSOVER G, HOWARD P. Chinese computational propaganda: Automation, algorithms and the manipulation of information about Chinese politics on Twitter and Weibo [J]. Information, communication & society, 2019, 22 (14).

[19] BOSHMAF, YAZAN, et al. Design and analysis of a social botnet [J]. Computer Networks, 2013, 57 (2).

[20] CHAD EDWARDS, AUTUMN EDWARDS, PATRIC R, et al. Is that a bot running the social media feed? Testing the differences in perceptions of communication quality for a human agent and a bot agent on Twitter [J]. Computers in Human Behavior, 2014, 33 (4).

[21] CHENG C, LUO Y, YU C. Dynamic mechanism of social bots interfering with public opinion in network [J]. Physica A: Statistical Mechanics and its Applications, 2020, 551 (c).

[22] CHENG C, LVO Y, LU C B, et al. Social bots and mass media manipulated public opinion through dual opinion climate. Chinese [J]. Physics B, 2021, 31 (1).

[23] CHU Z, GIANVECCHIO S, WANG H, et al. Detecting automation

of Twitter accounts: Are you a human, bot, or cyborg? [J]. IEEE transactions on dependable & secure computing, 2012, 9 (6) .

[24] CLARKE R. Principles and business processes for responsible AI [J]. Computer Law & Security Review, 2019, 35 (4) .

[25] COSTA AF, YAMAGUCHI Y, TRAINA AJM, et al. Modeling temporal activity to detect anomalous behavior in social media [J]. ACM transactions on knowledge discovery from data, 2017, 11 (4) .

[26] CRESCI S, LILLO F, REGOLI D, et al. Cashtag piggybacking: uncovering spam and bot activity in stock microblogs on Twitter [J]. ACM transactions on the web, 2018, 13 (2) .

[27] CRESCI S, PIETRO R D, PETROCCHI M, et al. Socialfingerprinting: detection of spambot groups through DNA-inspired behavioral modeling [J]. IEEE transactions on dependable and secure computing, 2017, 15 (4) .

[28] CRESCI S. A decade of social bot detection [J]. Communications of the ACM, 2020, 63 (10) .

[29] DENARDIS L, HACKI A M. Internet governance by social media platforms [J]. Telecommunications Policy, 2015, 39 (9) .

[30] DUNN A G, SURIAN D, DALMAZZO J, et al. Limited role of bots in spreading vaccine-critical information among active Twitter users in the United States: 2017—2019 [J]. American journal of public health, 2020, 110 (S3) .

[31] ELISHAR A, FIRE M, KAGAN D, et al. 3Homing socialbots: intrusion on a specific organization's employee using socialbots [C] //Proceedings of the 2013 IEEE/ACM international conference on advances in social networks analysis and mining. Los Alamitos, CA: IEEE Computer Society, 2013.

[32] ESTEEVAN DER WALT. et al. Cyber-security: Identity deception detection on social media platforms [J]. Computers & Security, 2018, 78 (9).

[33] FAN R, TALAVERA O, TRAN V. Social media bots and stock markets [J]. European financial management, 2020, 26 (3).

[34] FAZIL M, ABULAISH M. A socialbots analysis-driven graph-based approach for identifying coordinated campaigns in twitter [J]. Journal of Intelligent and Fuzzy Systems, 2020, 38 (9).

[35] FERRARA E, VAROL O, DAVIS C, et al. The rise of social bots [J]. Communications of the ACM, 2016, 59 (7).

[36] FERRARA E. Disinformation and social bot operations in the run up to the 2017 French presidential election [J]. First Monday, 2017, 22 (7-8).

[37] FERRARA E, VAROL O, DAVIS C, et al. The rise of social bots [J]. Communications of the ACM, 2016, 59 (7).

[38] FORD H, HUTCHINSON J. Newsbots that mediate journalist and audience relationships [J]. Digital Journalism, 2019, 7 (8).

[39] GÓMEZ-ZARA D, DIAKOPOULOS N. Characterizing communication patterns between audiences and newsbots [J]. Digital journalism, 2020, 8 (9).

[40] GONZALES H M S, GONZÁLEZ M S. Conversational bots used in political news from the point of view of the user's experience: Politibot [J]. Communication & society, 2020, 33 (4).

[41] HAGEN L, NELY S, KELLER T E, et al. Rise of the machines? Examining the influence of social bots on a political discussion network [J]. Social science computer review, 2020 (10).

[42] HEPP A. Artificial companions, social bots and work bots: Communicative robots as research objects of media and communication studies [J].

Media，Culture & Society，2020，42（7-8）.

[43] HERRING S C. Computer - mediated communication on the internet [J]. Annual Review of Information Science and Technology，2002，36（1）.

[44] HONG H，OH H J. Utilizing Bots for sustainable news business：Understanding users' perspectives of news bots in the age of social media [J]. Sustainability，2020，12（16）.

[45] HOWARD P N，WOOLLEY S，CALO R. Algorithms，bots，and political communication in the US 2016 election：The challenge of automated political communication for election law and administration [J]. Journal of information technology & politics，2018，15（7）.

[46] HWANG T，PEARCE I，NANIS M. Socialbots：Voices From the Fronts [J]. Interactions，2012，19（2）.

[47] IGAWA R A，BARBON S，PAULO K C S，et al. Account classification in online social networks with LBCA and wavelets [J]. Information sciences，2016，332.

[48] JIANG Y. "Reversed agenda-setting effects" in China Case studies of Weibo trending topics and the effects on state - owned media in China [J]. Journal of International Communication，2014，20（2）.

[49] JOHN N A，DVIR-GVIRSMAN S. "I don't like you any more"：Facebook unfriending by Israelis during the Israel - Gaza conflict of 2014 [J]. Journal of Communication，2015，65（6）.

[50] JON - PATRICK A，EMILIO F. Could social bots pose a threat to public health？[J]. American journal of public health，2018，108（8）.

[51] KELLER T R，KLINGER U. Social bots in election campaigns：Theoretical，empirical，and methodological implications [J]. Political Communi-

cation, 2019, 36 (1).

[52] KOSTOPPOULOS, CANDESS. People are strange when you're a stranger: shame, the self and some pathologies of social imagination [J]. South African Journal of Philosophy, 2012, 31 (2).

[53] LAZARSFELD P F, MERTON R K. Friendship as a social process: A substantive and methodological analysis [J]. Freedom and control in modern society, 1954, 18 (1).

[54] DAVID M J L, MATTHEW A B, YOCAI B, et al. The science of fake news [J]. Science, 2018, 359 (6380).

[55] LINGAM G, ROUT R R, SOMAYAJULU D V L N. Adaptive deep Q-learning model for detecting social bots and influential users in online social networks [J]. Applied intelligence, 2019, 49 (11).

[56] LIU X. A big data approach to examining social bots on Twitter [J]. Journal of Services Marketing, 2019, 33 (4).

[57] MCCLELLAN C, ALI M M, MUTTER R, et al. Using social media to monitor mental health discussions-evidence from Twitter [J]. Journal of the American Medical Informatics Association, 2017, 24 (3).

[58] MCPAERSON M, SMITH-LOVIN L, COOK M. Birds of a feather: Homophily in social networks [J]. Annual review of sociology, 2001, 27 (1).

[59] MENDOZA M, TESCONI M, CRESCI S. Bots in social and interaction networks: detection and impact estimation [J]. ACM transactions on information systems, 2020, 39 (1).

[60] NATHALIE M. When Bots Tweet: Toward a Normative Framework for Bots on Social Networking Sites [J]. International Journal of Communication, 2016 (10).

［61］ NOELLE-NEUMANN E. The spiral of silence a theory of public opinion ［J］. Journal of communication, 1974, 24 (2) .

［62］ ORABI M, MOUHEB D, AGHBARI Z A, et al. Detection of bots in social media: a systematic review ［J］. Information processing & management, 2020, 57 (4) .

［63］ PAN J, LIU Y, LIU X, et al. Discriminating bot accounts based solely on temporal features of microblog behavior ［J］. Physica A: statistical mechanics and its applications, 2016, 450.

［64］ PARADISE A, PUZIS R, SHABTAI A. Anti-reconnaissance tools: detecting targeted socialbots ［J］. IEEE internet computing, 2014, 18 (5) .

［65］ PASTOR-GALINDO J, ZAGO M, NESPOLI P, et al. Spotting political social bots in Twitter: a use case of the 2019 Spanish general election ［J］. IEEE transactions on network and service management, 2020, 17 (4) .

［66］ POZZANA I, FERRARA E. Measuring Bot and human behavioral dynamics ［J］. Frontiers in physics, 2018, 8.

［67］ WILLIAM RAND, ROLAND T. RUST. Agent-based modeling in marketing: Guidelines for rigor ［J］. Journal of research in Marketing, 2011, 28 (3) .

［68］ ROSS B, PILZ L, CABRERAB. Are social bots a real threat? An agent-based model of the spiral of silence to analyse the impact of manipulative actors in social networks. European ［J］. Journal of Information Systems, 2019, 28 (4).

［69］ ROUT RR, LINGAM G, SOMAYAJULU D V L N. Detection of malicious social bots using learning automata with URL features in Twitter network ［J］. IEEE Transactions on Computational Social Systems, 2020, 7 (4) .

［70］ S. KUMAR, R. SEHGAL, P. Singh. Ankit Chaudhary, Nepenthes

Honeypots based Botnet Detection [J]. Journal of Advances in Information Technology, 2012, 3 (4).

[71] SANTANA L E, CANEPA G H. Are they bots? Social media automation during Chile's 2017 presidential campaign [J]. Cuadernos info, 2019, (44).

[72] SCHÄFER F, EVERT S, HEINRICH P. Japan's 2014 general election: Political bots, right‐wing internet activism, and prime minister Shinzō Abe's hidden nationalist agenda [J]. Big data, 2017, 5 (4).

[73] SHAO C, HUI P M, CUI P, et al. Tracking and characterizing the competition of fact checking and misinformation: case studies [J]. IEEE access, 2018, 6.

[74] SHAO C, CIAMPAGLIA G L, VAROL O, et al. The spread of low‐credibility content by social bots [J]. Nature communications, 2018, 9 (1).

[75] SHI P, ZHANG Z, CHOO K K R. Detecting Malicious Social Bots Based on Clickstream Sequences [J]. IEEE Access, 2019, 7.

[76] SHUM H Y, HE X, LI D. From eliza to XiaoIce: challenges and opportunities with social chatbots [J]. Frontiers of Information Technology & Electronic Engineering, 2018, 19 (1).

[77] SNEHA KUDUGUNTA, EMILIO FERRARA. Deep neural networks for bot detection [J]. Information Sciences, 2018, 467 (10).

[78] SOHN D, GEIDNERN. Collective dynamics of the spiral of silence: The role of ego‐network size. International [J]. Journal of Public Opinion Research, 2016, 28 (1).

[79] STELLA M, FERRARA E, DE DOMENICO M. Bots increase exposure to negative and inflammatory content in online social systems [J]. Proceedings of the National Academy of Sciences of the United States of America, 2018,

115（49）．

［80］TIM HWANG, IAN PEARCE, MAX NANI. Socialbots：Voices from the fronts ［J］. Interactions, 2012, 19（2）．

［81］VAN EETEN M J G, MUELLER M. Where is the governance in Internet governance? ［J］. New media & society, 2013, 15（5）．

［82］WANG J, PASCHALIDIS I C. Botnet detection based on anomaly and community detection ［J］. IEEE transactions on control of network systems, 2017, 4（2）．

［83］WEISBUCH G, DEFFUANT G, AMBLARD F, et al. Meet, discuss, and segregate! ［J］. Complexity, 2002, 7（3）．

［84］YARDI S, ROMERO D, SCHOENEBECK G, et al. Detecting spam in a Twitter network ［J］. First Monday, 2010, 15（1）．

［85］YUAN X, SCHUCHARD R J, CROOKS A T. Examining emergent communities and social bots within the polarized online vaccination debate in Twitter ［J］. Social media + society, 2019, 5（3）．

［86］YUEDE JI, YUKUN HE, XIN YANG JIANG, et al. Combating the evasion mechanisms of social bots ［J］. Computers & Security, 2016, 58（5）．

［87］YURY DREVS, ALEKSEI S. Formalization of criteria for social bots detection systems ［J］. Procedia－Social and Behavioral Sciences, 2016, 236（12）．

［88］ZAGO M, NESPOLI P, PAPAMARTZIVANOS D, et al. Screening out social bots interference：are there any silver bullets? ［J］. IEEE communications magazine, 2019, 57（8）．

［89］ZHAO C, XIN Y, LI X, et al. An attention－based graph neural network for spam bot detection in social networks ［J］. Applied sciences, 2020, 10（22）．

后 记

　　第一次看到"社交机器人"这个概念，是在做一份新技术对舆论生态影响的报告时，查阅到的外文文献中。随着研究的深入，我们发现围绕社交机器人所涉及的议题越发显得突出和重要。2020 年，我和汪婧在《现代传播——中国传媒大学学报》发表了第一篇相关论文《智能传播时代社交机器人的兴起、挑战与反思》，感谢张国涛教授的慧眼，认可了这个选题。论文被 2021 年第 7 期《新华文摘》全文转载，这更坚定了我们研究的信心。三年来，我们团队在国内外期刊陆陆续续发表了系列相关研究成果。

　　智能传播时代，新技术不断重构人们的信息获取与社会交往方式。伴随技术边界的无限扩展和机器自主性的提高，技术摆脱人类缰绳的潜在风险也给信息传播生态带来了极大的挑战，人、技术与社会之间的诸多问题与矛盾日益凸显。作为智能传播时代的新产物，社交机器人带来更加个性化服务和更高效传播的同时，也给人类社会带来了新的伦理问题，比如认知偏见、隐私侵犯、价值失范等。而其最显著的危害当属政治舆论操纵，美国大选、英国脱欧、俄乌冲突……网络上都有社交机器人活动的身影。2019 香港暴力事件及新冠疫情暴发期间，大量社交机器人充斥着网络空间，散布各类谣言及虚假信息，抹黑党和政府形象，混淆大众认知，损害中国国家利益。社交机器人变成网络空间很多重大政治、经济、社会、公共卫生等事件的重要参与者。我们深刻地认识到，对于智能传播时代社交机器人应用中伦理风险的理性反思与规制探寻，是学术研究对时代发展的应有回应。

感谢洪忠教授，亦师亦友。他是智能传播领域的知名学者，是新媒体研究的标杆人物之一。从本书中也能看出，洪忠教授和他的团队在社交机器人领域深耕多年，成果丰富。当我"忐忑"地邀请他为本书作序时，洪忠教授用他一贯的谦逊与温和，欣然应允。他在序中关于人文社科学者以什么样的学术方式切入智能传播研究的论述，对我而言是一种警示和鞭策。

感谢我年轻的同事陈秀娟、王晗啸，他们的跨学科研究丰富了本书的视野；感谢我的学生汪婧、孙振凌、陆湘，他们睿智，富有冲劲和毅力。正是与这样一群有趣的人，共同"迷"上了社交机器人这一特殊"物种"，才有了这本薄薄的小书。

当然，所有的一切都离不开家人的辛劳付出，特别要将此书献给小乐高。她的到来，为我打开了一片新世界。在成书的最后阶段，小家伙时不时会跑过来"叮嘱"我，不要老是看电脑，眼睛会受伤的……童言稚语，恰是防御智能技术"侵蚀"的良方。

后记完成之时，适逢中秋月圆之日，感谢所有帮助和支持过我的朋友，感谢我的学生们，是你们让我感受到了责任与快乐，在这纷繁复杂的人世间，抵抗无尽无止的躁动与不安。

祝福人类。

高山冰

2023 年 10 月 1 日于仙林